살아있는 것은 모두
싸움을 한다

《SAKIOKURI WA SEIBUTSUGAKUTEKI NI TADASHII》
ⓒ Takahisa Miyatake 2014
All rights reserved.
Original Japanese edition published by KODANSHA LTD.
Korean translation rights arranged with KODANSHA LTD.
through Shin Won Agency Co.

살아있는 것은 모두
싸움을 한다

2019년 4월 25일 1판 1쇄 발행
2019년 10월 5일 1판 2쇄 발행

지은이 ┊ 미야타케 다카히사
펴낸이 ┊ 이병일
펴낸곳 ┊ 더메이커
전 화 ┊ 031-973-8302
팩 스 ┊ 0504-178-8302
이메일 ┊ tmakerpub@hanmail.net
등 록 ┊ 제 2015-000148호(2015년 7월 15일)

ISBN ┊ 979-11-87809-27-2 (03470)
ⓒ 미야타케 다카히사, 2019

이 도서의 국립중앙도서관 출판예정도서목록(CIP)은 서지정보유통지원시스템
홈페이지(http://seoji.nl.go.kr)와 국가자료공동목록시스템(http://www.nl.go.kr/kolisnet)에서
이용하실 수 있습니다. (CIP제어번호 : CIP2019012187)

살아있는 것은 모두
싸움을 한다

진화생물학자 미야타케 다카히사 지음

김선숙 · 정진용 옮김

더메이커

물론 살아남기 위해 직접 맞서서 싸울 수도 있다.
하지만 물리적으로 싸우는 것만이 방법은 아니다.
진화생물학의 정답은 '자신의 유전자를 후세에 전하는 것,
즉 살아남아 자손을 남기는 것'이다.
진화생물학자인 나는 잡아먹히는 입장에 있는
생물들의 '잡아먹히지 않기 위한 지혜'를 조사해왔다.
몇몇의 전문가들만이 공유하고 있는 그 지혜는 생존 확률을
높이기 위한 생물들의 지혜로서, 우리가 세상을
살아가는 데도 도움이 된다.

강한 자만이 살아남는다.
그러나 '강하다'는 말만으로 설명할 수 있을 만큼
자연세계가 단순하지는 않다. '최후에 살아남 는 자가
강하다'라는 것이 생물의 역사이다.

중요한 것은 살아남는 것이다.
바로 여기에 생물로부터 배울 수 있는
'살아남기 위한 지혜'가 있다.

테마 03 의태

무기가 없으면 잠복하라

테마 04   휴식

혹독한 계절을 보내는 방법

테마 05 기생

약자가 자립을 목표로 하는 것은 잘못된 전략

약자는 '대 포식자 전략'
으로 살아남는다

비즈니스맨도 생물도 자연도태된다

———————

대도시의 오피스 거리. 한 손에는 스마트폰을, 다른 한 손에는 서류가방을 든 양복 차림의 직장인이 땀을 흘리며 거래처로 발걸음을 재촉하고 있다.

비즈니스 사회에서 조직의 일원으로 산다는 것은 먹고 먹히는 생존경쟁 속에서 사는 것과 같다. '일감을 따냈는가, 따내지 못했는가', '기획안이 통과됐는가, 통과되지 못 했는가'. 그야말로 죽기 살기로 경쟁하는 시대에 살고 있다. 계속 허탕을 쳐서도 안 된다. 그렇다고 죽는 소리나 해서도 안 된다. 상대에게 먹히지 않아야 자신을 기다리는 가족을 먹여 살릴 수 있다.

태양이 작열하는 건조한 대지, 아프리카. 거기서도 살아남기 위한 투쟁이 끊임없이 펼쳐진다.

황금색으로 빛나는 대초원. 거기에는 살기 위해 풀을 뜯어먹는 얼룩말과 영양의 무리가 있다. 언뜻 보기엔 사뭇 한가로운 풍경이다. 하지만 위험은 소리 없이 다가온다. 불과 몇 미터 앞 수풀 속에는 어미 사자 두 마리가 몸을 숨기고 있다.

사자도 또한 먹고 살아야 한다. 자신을 기다리는 가족도 먹여 살려야 한다. 야생의 세계는 그야말로 먹느냐 먹히느냐의 생존경쟁이 일상이다.

혼자서는 숨통을 끊어놓을 수 없는 사냥감이라도 몇 마리가 팀을 이루면 가능하다. 가족의 협력이 중요하다. 백수의 왕이라 하더라도 무작정 사냥감 무리를 습격하면 이내 실패로 끝나기 쉽다. 사냥감이 사방팔방으로 흩어지면 목표물도 함께 사라지고 말기 때문이다.

과녁을 최대한 좁혀야 한다. 무리로부터 떨어져 나온 체력이 약한 새끼 얼룩말이나 다리를 절뚝이는 영양처럼 허점을 보이는 상대가 최고의 타깃이다.

어미 사자 두 마리가 덮치려고 달려온다. 적에 둔감한 새끼 얼룩말이 사자를 뒤늦게 발견하고는 황급히 도망치려 한다. 그러나 그 앞에는 이미 다른 어미 사자가 매복하고 있다. 새끼 얼룩말이 가까스로 사자를 따돌리려는 순간, 앞에서 기다리고 있던 사자가 일격을 가한다.

얼룩말은 필사적으로 뛰기도 하고 발로 걷어차기도 하면서 저항한다. 하지만 결국 세 마리의 사냥꾼에게 머리가 뜯기고 다리와 배의 살점도 차례차례 먹히고 만다.

자연계의 규칙은 단순하다. 약한 자는 살아남을 수 없다. 오직 강한 자만이 살아남을 수 있다. 이것이 찰스 다윈이 주장한 '자연선택'이라는 단순한 진화의 법칙이다.

보다 빨리 달릴 수 있는 얼룩말과 그렇지 못한 얼룩말의 예를 통해서 다윈의 법칙을 잠시 살펴보자.

- 개체마다 능력의 차이가 있다. **(변이)**
- 보다 빨리 달리는 부모로부터 보다 빨리 달리는 자식들이 태어난다. **(유전)**
- 조금이라도 빨리 달릴 수 있는 것이 육식동물의 추격을 따돌릴 수 있다. 육식동물의 체력에도 한계가 있기 때문에 그들은 잡아먹기 쉬운 상대부터 잡아먹는다. **(선택)**

그 결과, 조금이라도 발이 빠른 얼룩말이 선택되어 자손을 남기게 된다. 이렇게 해서 능력이 뛰어난 개체가 살아남는 것이다.

이것은 자연계의 법칙이지만 인간사회도 마찬가지다. '윤리 의식'을 갖고 있는 생물은 인간뿐이다. 하지만 윤리에 의해 통제를 받고 있는 인간 역시도 자연 속에서 진화해온 이상 자연계의 법칙에서 벗어날 수는 없다. 적에게 잡아먹히지 않도록 행동하고 먹히기 전에 반격한다고 하는 잠재적인 본능을 갖추고 있다. 그 때문에 인간이 만들어낸 조직 또한 약육강식의 구조를 내포하고 있다고 말할 수 있다.

생존경쟁이 끊임없이 펼쳐지는 아프리카로 다시 돌아가 보자.

어미 사자 세 마리에게는 아비가 같은 여러 마리의 새끼들이 있다. 사자의 사냥 성공률은 대략 30% 정도로 결코 높은 편이 아니다. 드디어 어렵게 사냥해온 얼룩말 덕분에 새끼 사자들도 당분간은 배를 곯지 않고 살아갈 수 있다.

사자는 '프라이드'라고 불리는 가족 집단을 이루어 산다. 프라이드는 1~3마리의 수사자와 여러 마리의 암사자로 구성된다. 수사자는 무리를 통솔하여, 라이벌 수사자로부터 가족을 지킨다. 다른 수사자에게 자신의 '프라이드'를 빼앗기게 되면 두 살 이하의 어린 새끼 사자들은 새로운 수사자에게 몰살당한다. 새끼 사자가 몰살당하면 어미 사자는 얼마 지나지 않아 발정기에 들어간다. 새로운 수사자와 교미해 새끼를 낳으면 프라이드 안

인간이든 생물이든
'살아남는 자'가 강한 거야.

의 수사자 유전자는 교체된다.

새로운 아비가 된 수사자는 자신의 유전자를 새끼들에게 전달하기 위해 필사적으로 가족을 지킨다. 새끼들이 무리로부터 독립해 스스로의 힘으로 살아가게 될 때까지 자신의 프라이드를 지키지 않으면 자신의 유전자를 남길 수 없다.

강한 자만이 살아남는다. 그러나 '강하다'는 말만으로 설명할 수 있을 만큼 자연세계가 단순하지는 않다. '최후에 살아남는 자가 강하다'라는 것이 생물의 역사이다.

중요한 것은 살아남는 것이다. 바로 여기에 생물로부터 배울 수 있는 '살아남기 위한 지혜'가 있다.

마당에서 펼쳐지는 '살육'

'먹느냐 먹히느냐'의 세계를 보기 위해 일부러 아프리카까지 갈 필요도 없다. 당신의 집 앞마당에서도 매일같이 일어나고 있기 때문이다.

마당 여기저기서 펼쳐지는 '살육'을 보고 있자면 문득 '내가 만약 벌레만한 크기로 마당에 내팽개쳐졌더라면……' 하는 두려움에 사로잡히게 된다.

마당 한쪽에 심어놓은 가지에는 줄기의 즙을 빨아먹으며 번식하는 진딧물들이 살고 있다. 그곳에 일곱 개의 까만 별이 그려진 붉은 망토를 걸친 '악마의 포식자'가 하늘로부터 춤추듯 내려앉는다. 발달한 커다란 턱으로 우적우적 게걸스럽게 진딧물을 잡아먹고 사는 칠성무당벌레다. 진딧물에게 무당벌레의 붉은색은 위험한 붉은색이다.

무당벌레는 닥치는 대로 진딧물을 먹어치우면서 줄기 꼭대기에 도달하면 날개를 펼쳐 다른 줄기로 옮겨간다. 잡아먹히지 않고 운 좋게 살아남은 진딧물들도 의외로 많다. 물론 이게 끝은 아니다. 진딧물의 적이 무당벌레만 있는 것은 아니니까.

녹색 잎사귀 위에서 진딧물을 노려보는 눈이 있다. 그놈은 진딧물과 눈이 마주치는 순간 붉은빛을 띤 끈적끈적한 점액질 혀를 내밀어 순식간에 진딧물의 몸을 휘감는다. 청개구리다. 진딧물은 한순간 녹색 잎사귀라고 착각했던 청개구리의 입 속으로 빨려 들어간다. 이것이 진딧물이 세상에서 본 최후의 영상이다.

먹이를 삼킨 청개구리는 눈을 한 번 깜빡이고는 아무 일도 없었다는 듯 시치미를 떼고 있다. '녹색은 안전하다!'고 단정할 수는 없다. 적의 동태를 살피기 위해서는 잠시도 방심하지 않고 신경을 곤두세워야만 한다.

꿀을 찾아 마당의 꽃밭을 날아다니는 호랑나비가 있다. 그런데 꽃밭에는 풀과 구분이 안 되는 녹색의 사마귀가 자신의 낫을 높이 들어 올린 채 미동도 하지 않고 나비가 날아들기만을 기다리고 있다. 나비가 꿀을 빨기 위해 꽃 위로 춤을 추며 내려앉는 순간, 사마귀의 낫이 순식간에 나비의 커다란 날개를 낚아채, 머리부터 먹어치운다.

아름답게 핀 꽃들이 우리의 지친 마음을 달래주는 마당에서, 이처럼 매일같이 무수한 생명이 목숨을 잃는다는 것을 우리는 잊고 산다. 녹색 물결이 넘치는 이 세상은 아름답고 또한 잔혹하다.

녹색의 풀 위에서 땅으로 내려서면 위험은 더 많아진다. 우거진 풀숲의 그늘에는 시각이 매우 발달한 거미가 먹잇감을 기다리며 매복하고 있다. 날렵한 그들이 '움직이는 것'이라고 인식하면, 먹잇감은 이미 도망칠 기회가 없다.

발목을 접질리기라도 하면 거기에는 더 무서운 악운이 기다린다. 바로 병정개미들이다. 그들 한 마리에게라도 물렸다 하면 살아날 확률은 거의 없다. 상대가 약하다는 것을 눈치챈 그들은 떼거리로 달려들어 사냥감을 제압한 후 자신들의 소굴까지 끌고 가 먹어치운다.

약해지거나 약점을 보이면 생물의 세계에서는 목숨이 위태로워진다. 이 같은 상황에서 적에게 잡아먹히지 않기 위한 대처법을 배우지 못한 생물은 어찌할 도리가 없다.

그밖에도 마당에는 작은 새나 도마뱀, 뱀 등 더 무서운 수많은 적이 있다. 마당에 내팽개쳐진 당신을 잡아먹으려는 포식자의 종류는 수없이 많다. 그런 치열한 생존경쟁이 펼쳐지고 있는 환경에서 목숨을 지켜온 작은 생물들은 '잡아먹히지 않는 기술'을 진화시키며 버틴다.

생물의 원점은 '매일매일 살아남는 것'

인류의 역사도 마찬가지다. 보다 강한 자가 싸움에서 이겨 살아남아 유전자를 남긴다. 당신이 지금 살아있는 것은 선조들 덕분이다. 당신에게 이어진 선조의 유전자가 적(포식자)이나 병원체와의 싸움에서 이기거나 혹은 경쟁의 틈바구니를 빠져나와 당신에게 전해졌다.

당신의 선조들은 틀림없이 장렬한 나날을 보냈을 것이다. 육식동물로부터 도망치고, 전염병을 이겨내고, 무자비한 전쟁의 참화와 자연재해를 극복하며 살아왔다. 그러므로 당신이 지금 이 세상에 존재하고 있는 것은 '생물학'의 입장에서는 그 자체로 이미 승자의 증거라 할 수 있다. 그렇게 생각하면 지금 이 세상에 살고 있는 것이 자랑스럽게 여겨질 것이다.

그렇다면 지금은 살기 편한 세상일까? 그렇지도 않다. 오늘을 사는 우리들 역시 매일같이 현실과 싸우며 살아간다. 생사를 가르는 싸움은 아니라 하더라도 매일 살아남기 위한 전투나 다름없는 삶을 살고 있다.

다양한 인간관계 속에서 자칫 잘못하다가는 따돌림을 당하는 약자 편에 속하게 될 수도 있다. 아이들이나 젊은이들은 같은 또래끼리 무리를 짓고 싶어 한다. 그러나 '또래'가 생기면 자기편이 아닌 집단도 생기기 마련이다. 두 집단 사이에 힘의 균형이 맞을 때는 파벌이 생겨 서로 으르렁거릴 뿐이지만, 균형이 깨지면 약자 입장에 놓인 집단은 따돌림을 당하기 쉽다. 잔혹하지만 그것이 현실이다. 그런 현실을 인정하고 그것을 자양분 삼아 어떻게든 살아나갈 방법을 찾는 것이 살아있는 자의 지혜로운 태도일 것이다.

텔레비전에서는 가끔 '약자가 악한 권력에 맞서 싸워 이긴다'는 권선징악의 드라마가 히트를 치기도 한다. "직장인의 마음의 소리를 대변했다", "권선징악이라는 이해하기 쉬운 스토리가 사람들의 마음을 울렸다"는 등 평론가들은 드라마가 성공한 이유를 다양하게 분석한다. 그러나 진화생물학자인 나는 생각이 좀 다르다.

진화생물학이란 간단히 말해 생물의 진화를 연구하는 학문, 즉 생물이 그 긴 역사 속에서 살아남아 자신의 유전자를 후세에 전하기 위한 기술을 어떻게 발전시켜왔는지 과학적으로 밝히는 학문이다. 이런 진화생물학자의 관점에서 보면 '먹느냐 먹히느냐'라는 인간의 생물로서의 생존을 건 싸움이 리얼하게 묘사되어 있을 뿐인 드라마에 반응하고, 본능이 자극을 받아 자기를 투영한 결과로밖에 보이지 않는다.

그런 드라마에 자신을 살그머니 포개놓지 않을 수 없는 우리는, '윤리'와 '현실'의 틈새에서 고뇌하는 '인간이라는 동물'인 것이다.

특히 남자의 역사는 사냥꾼, 그리고 지배자로서의 역사이기도 하다. 자신의 입장이 약화되기 전에 자기보다 약한 자를 자신의 강한 힘으로 복종시켜야 한다. 도저히 대적할 수 없는 강자에게는 공포에 떨면서 온갖 수단을 동원해 그로부터 도망치려 한다. 그렇게라도 살아남은 자만이 유전자를 남겨왔다.

지금 우리 주위에는 무수히 많은 정보가 홍수처럼 범람하고 있다. 무엇이 옳은 것인지, 올바른 정보는 어디에 있는지를 정확하게 판단하기 어려운 복잡한 현대사회를 살고 있다.

정보에 휘둘리고 일에 대한 압박감과 대인관계로 인한 스트레스가 우리를 짓누른다. 살아있는 한 고통은 끊이지 않는다.

그렇다면 우리가 안고 있는 수많은 문제들을 어떻게 해결할 수 있을까? 대답은 간단하다. 진화생물학은 '생물의 원점(原點)'으로 돌아가야 한다는 것을 가르쳐준다.

생물의 원점은 생존, 매일매일 살아남는 것이다. 살아남지 못한다면 내일은 없다. 만약 살아남아 자손을 남길 수 있다면, 진화생물학적으로 그 인생은 '만점'이다.

생물의 생존전략에서 배우자

생물의 세계에는 잡아먹는 자와 잡아먹히는 자가 있다. 사자는 얼룩말을 잡아먹고 사마귀는 호랑나비를 잡아먹는다. 이렇듯 강자에게 목숨을 빼앗기는 작은 생물들에게 희망은 없는 것일까? 아니, 그렇지 않다. 그 희망은 '한 끼의 저녁식사'와 '일생의 목숨'의 무게를 비교해보면 명백하게 드러난다.

도저히 저항할 수 없는 적과 대치했을 때 어떻게 사태를 피해나가야 할까? 이것이 이 책의 중요한 주제다. 당신 자신이 '지금' 이 시대를 살아가면서 마주하는 곤경을 잘 극복하기 위한 '힌트'를 여기에서 찾아내기 바란다.

공격해오는 적에게 대항하는 기술을 생물학에서는 '대(對)

잡아먹히고 싶지 않으면
지혜를 짜내라.

포식자 전략'이라고 한다.

잡아먹는 입장에서 보면 '포식(捕食)'이라는 것은 그저 한 끼의 저녁식사를 선택하는 행위에 지나지 않는다. 하지만 잡아먹히는 입장에서는 목숨이 걸린 사건이다. 업무 분담이나 회사의 인사 문제도 이와 비슷하다. 인사발령을 하는 사람 입장에서는 한 순간의 분류 작업에 불과하지만, 분류당하는 입장에 있는 사람에게는 인생이 걸린 중대사다.

그러니까 잡아먹히는 쪽과 인사발령을 받아야 하는 쪽이 죽을 힘을 다해 생존전략을 짜야 하는 것은 지극히 당연하다.

물론 살아남기 위해 직접 맞서서 싸울 수도 있다. 하지만 물리적으로 싸우는 것만이 방법은 아니다. 진화생물학의 정답은 '자신의 유전자를 후세에 전하는 것, 즉 살아남아 자손을 남기는 것'이다.

진화생물학자인 나는 잡아먹히는 입장에 있는 생물들의 '잡아먹히지 않기 위한 지혜'를 조사해왔다. 몇몇의 전문가들만이 공유하고 있는 그 지혜는 생존 확률을 높이기 위한 생물들의 지혜로서, 우리가 세상을 살아가는 데도 도움이 된다.

도덕이나 윤리는 인간세계에만 있는 특권이라고 앞에서 언급했다. 그러나 사실 도덕이나 윤리가 없는 생물들이 진화 과정에서 몸에 익혀온 '잡아먹히지 않기 위한 지혜'는 우리가 상상하는 것 이상으로 다채롭다. 그중에는 윤리가 있는 인간의 입장에서 보면 약간 뒤가 켕기는 방법이라 쉽게 받아들이기 힘든 것도 있다. 하지만 죽고 나면 윤리고 뭐고 다 소용없다. 그들에게는 '살아남는 것'이 중요하다. 법을 어기는 일이 아니라면 우리 인간도 윤리란 개념을 일단 밀쳐두고 그들이 전하는 생존의 지혜를 참고하는 것도 유익하다고 생각한다.

뒤로 미루기, 의태, 기생 ……
다채로운 생존 기술

〈테마 01〉에서는 운명이 유전자만으로 결정되는 것은 아니라는 것을 소개한다. 최근의 진화생물학에서는 살아가는 환경이 생물의 유전자에 영향을 주고 살아가는 방식을 바꾼다는 사실이 밝혀지고 있다. 진화생물학은, 그렇게 몸 안에 짜여진 '가변적인 유전자'를 발현시켜 자기방어하는 지혜를 가르쳐주기도 한다.

〈테마 02〉에서는 코앞에 닥친 문제를 '뒤로 미루는 생물들의 전략'을 소개한다. '자식을 언제 낳아야 하는가?', '지금 낳아야 하는가 아니면 미루었다가 나중에 낳아야 하는가?' 생물들은 살아가는 동안 매 순간마다 선택을 해야만 한다.

'죽은 척하기'라 불리는, 갑자기 모든 움직임을 멈추어버리는 동물들이 있다. 이런 죽은 척하기 행동도 '당장은 그 문제의 답을 결정하지 않는 미루기 전략'으로, 생물이 진화시켜온 기술이다. 이 같은 '결정하지 않는 지혜'는 적극적으로 사고를 정지시켜 그 자리를 피함으로써 살아남는 생존기술이기도 하다.

〈테마 03〉에서는 잡아먹히지 않기 위해 많은 생물들이 몸에 익힌 기술인 '의태(擬態)'에 대해 소개한다. 의태란 동물이 자신의 모양, 색 등을 하늘이나 바다나 땅의 색깔과 비슷하게 변화시켜 몸을 보호하는 방법이다. 이외에도 먹을 수 없는 것으로 둔갑하거나 맛없는 먹이인 것처럼 모습을 바꾸기도 하는데, 생물들은 이처럼 필사적으로 살아간다.

'혹독한 계절에는 잠을 자라'는 것이 〈테마 04〉에서 전하는 메시지다. 근무시간이나 정년제도 등이 없는 생물들은 환경의 변화에 맞춰 '상황이 어려운 시기'를 무난하게 헤쳐나간다. 추운 계절이 다가오면 생물들은 활동을 멈추고 '겨울잠'에 들어간다. 겨울잠을 자는 생물들은 한겨울의 추위를 견뎌낼 수 있도록 가을로 들어서면서부터 적극적으로 몸의 구조를 변화시킨다.

생물이 진화한 역사는 '기생생물과의 싸움의 역사'였다고 해도 과언이 아니다. 〈테마 05〉에서는 생물계에 흔한 기생(寄生)과 그 기생에 저항해온 생물들을 살펴보겠다.

진화생물학적으로 말하면, 약자가 자립하려고 하는 것은 옳은 판단이 아니라는 점도 알 수 있다. 약자끼리는 서로의 약점을 보완해주어야 살 수 있다. 빨판상어와 같이 강한 자의 힘을 빌려 살아남는 것도 '지혜로운 자의 생존법'이다.

〈테마 06〉에서는 '기생'과 '공생(共生)'이 종이 한 장 차이라는 것을 소개한다. 진화적으로 보면, 수많은 기생하는 생물이 어느 사이엔가 숙주(宿主, 기생생물이 기생의 대상으로 삼는 동물이나 식물—역주)와 때로는 공생관계로 발전한다.

아무래도 이것은 기생생물과 숙주가 얼마나 오랫동안 관계를 유지해왔는가와 관련이 있는 듯하다. 예컨대 인간과 세균의 관계가 그렇다. 세균이 우리를 지켜주고, 우리는 세균을 지켜주며 살아간다. 우리는 언제부터인가 장 속에 자리잡고 사는 세균(장내세균)이 없이는 음식을 소화시키는 일조차 할 수 없다.

진화생물학적으로는 살아남은 자가 현명하다. 인간의 역사에서도 그 예를 얼마든지 찾을 수 있다. 오다 노부나가(織田信長), 도요토미 히데요시(豊臣秀吉), 도쿠가와 이에야스(德川家康)는 서로 다른 방식으로 난세를 헤쳐 나간 일본 전국 시대의 대표적인 인물들이다. 노부나가는 '야망과 로망'을 우리들에게 보여주었고, 히데요시는 '하면 할 수 있다'는 모습을 보여주었다. 그러나 진화생물학적으로 현명한 삶을 산 것은 두 말할 것도 없이 최후의 승자인 이에야스다.

노부나가는 일본 전국 시대의 통일을 눈앞에 두고 '혼노지(本能寺)의 변'으로 죽음을 맞이한다. "울지 않는 새는 목을 쳐라"고 했던 불같은 결단력의 소유자인 그가 부하의 반란에 스스로 목숨을 끊는다. 히데요시의 적자인 히데요리(秀頼)는 '오사카의 여름 전투(大坂夏の陣)'에서 자결함으로써 히데요시의 혈통은 끊겼다. 한편, 어렸을 때 인질로 잡혀가 사는 등 약자의 이미지가 강한 이에야스는 아들 열한 명과 딸 다섯 명을 두었으며, 그 후손들은 에도막부 시대를 거쳐 오늘날까지도 여전히 번창하고 있다.

진화생물학의 시각으로 보면, 노부나가와 히데요시의 삶의 방식은 빵점이고 이에야스의 삶의 방식은 백점만점이라고 할 수 있다.

이제 진화생물학이 알려주는 '생존술의 진화'를 살펴보기로 하자.

변화
운명은 유전자만으로
결정되지 않는다

<테마 01>에서는 운명이 유전자만으로 결정되는 것은 아니라는 것을 소개한다. 최근의 진화생물학에서는 살아가는 환경이 생물의 유전자에 영향을 주고 살아가는 방식을 바꾼다는 사실이 밝혀지고 있다. 진화생물학은, 그렇게 몸 안에 짜여진 '가변적인 유전자'를 발현시켜 자기방어하는 지혜를 가르쳐주기도 한다.

DNA의 '융통성'과 '적응력'

같은 DNA를 가진 민들레라도 따뜻한 계절에는 키가 크게 자라지만,
추운 계절에는 지표면에 달라붙은 듯 방사선 모양으로 퍼지며 자란다.

스트레스를 받지 않기 위해서는 삶의 방식을 바꾸는 것도
중요하다. '융통성'을 발휘하는 것이 필요하다는 말이다.

현대의 진화생물학은 진화를 통해 생물들이 '융통성'이라는
요령도 DNA에 저장해왔음을 가르쳐준다. 생물들이 진화 과정
에서 몸에 익힌, 자신이 놓인 환경에 대한 뛰어난 '적응력'을 우
리는 진화생물학을 통해 배울 수가 있다.

진화생물학이란 프롤로그에서도 언급했듯이 36억 년에 이
르는 오랜 생물의 역사 속에서 개개의 생물이 어떻게 살아남았
으며 자신의 유전자를 후세에 전하기 위해 어떤 방법을 발달시

켜 왔는지를 과학적으로 조사하는 학문이다.

조사방법에는 여러 가지가 있다. 생물의 종류를 조사하기도 하고 생물이 살아가는 방법을 관찰하기도 하지만 체내에서 생성되는 호르몬 등의 작동 구조가 종(種)에 따라 어떻게 다른지를 알아보기도 한다. 때로는 화석을 비교해서 보다 적합한 생물의 형태를 추측하기도 하고, 세균이나 파리 같은 생물을 실험실에서 몇 세대에 걸쳐 키우면서 조사하기도 한다. 이를테면 온도를 바꿔가며 몇 년 동안 지속적으로 키우면서 그들에게 어떤 진화가 발생하는지를 조사한다. 또한 직접 생물의 DNA를 추출해 그 암호의 차이를 비교하기도 하고, 암호의 차이에 따라 만들어진 단백질이 어떻게 달라지는지 재현하기도 한다.

진화생물학은 생물학이 구축해온 지식을 총동원하는 학문인 셈이다.

생물은 자신의 모습을 자유자재로 바꾼다!

다윈은 생물이 적자생존과 유전의 메커니즘에 의해 진화한다고 주장한다. 그런데 진화생물학의 최근 연구 성과를 보면 생물의 운명이 유전만으로 결정되는 것은 아니라는 사실을 알 수 있다. 생물이 자라온 환경은 유전에 영향을 미치며, 자신이 처한 환경에 맞게 모습이나 행동 방식을 변화시켜 살아남는다. 이런 생물의 능력을 표현형 가소성(phenotypic plasticity, 표현형 유연성 또는 표현형 적응성이라고도 함)이라고 한다.

표현형 가소성 자체는 1900년대에 이미 알려져 있었으며, 우리 주변에 있는 생물에서도 흔히 볼 수 있다.

예컨대 같은 DNA를 가진 민들레라 할지라도 따뜻한 계절에는 키가 크게 자라지만, 추운 계절에는 지표면에 달라붙은 듯 방사선 모양으로 퍼지며 자란다. 같은 DNA를 가진 호랑나비라도 봄에 성충이 된 것은 크기가 약간 작고 날개의 무늬가 선명하지만, 여름에 성충이 된 것은 날개가 크고 무늬가 희미하다.

또한 파충류의 어미가 낳는 새끼는 유전이 아닌 온도에 따라 수컷과 암컷이 정해진다. 예를 들자면, 붉은귀거북(Trachemys scripta)은 30℃가 넘으면 암컷을 낳는 비율이 높지만 29℃ 이하에서 태어나는 새끼 붉은귀거북은 모두 수컷이다.

이런 표현형의 변화는 DNA의 유전적인 변화를 수반하지 않고 행해질 수 있다. 그 개체의 성장이나 세포의 발달과정에서 유전자의 역할을 조절하는 방식이 달라지면 생존전략도 달라진다.

1942년 영국의 발생학자이자 유전학자인 콘래드 워딩턴(Conrad Hal Waddington)은 이와 같은 현상을 '후생유전학(epigenetics)'이라 불렀다.

DNA 분석기법이 발달한 2000년도 이후 생명이 DNA에 의해서만 결정되는 것이 아니라는 것이 밝혀지면서 현재 진화생물학계는 후생유전학에 주목하고 있다.

이것은 종(種) 자체가 '진화'해 자손에게 전달되는 것이 아니라 개체 수준에서 바뀐 것이라고 할 수 있다. 이런 개체가 갖는 융통성은 애초에 유전자 속에 내재되어 있는 것이 밝혀지고 있다.

운명은 유전자만으로
결정되는 것이 아니다

다윈의 시대로부터 오랫동안 '모든 비극은 부모의 유전자 탓'이라는
말이 생물학의 상식으로 통했다. 하지만 현대의 진화생물학은 '부모의
유전자 탓'이라고 탄식할 필요가 없다는 것을 가르쳐주고 있다.

모든 비극은 부모의 유전자 탓?

부모로부터 자식에게, 자식으로부터 손자에게, 생물은 세대를
넘어 변화를 계속한다. 변화는 생물에게 다양성을 가져다준다.

지금 이 순간에도 많은 생물이 변화를 계속하고 있다. 그런
가 하면 '살아있는 화석'이라고 불리는 실러캔스(Coelacanth)라는
물고기는 7,000만 년 동안이나 거의 모습을 바꾸지 않고 살고
있다. 뿐만 아니라 DNA의 변화 속도도 다른 동물들에 비해 극
단적으로 느리다는 것이 최근 워싱턴대학 연구팀에 의해 밝혀
졌다.

어떻게 실러캔스처럼 '변화하지 않는 생물'이 있는 걸까? 그 해답은 '환경'에 있다. 환경이 변하지 않으면 생물은 진화할 필요가 없다. 반면 변화하는 환경에서는 새로운 환경에 적응할 수 있게 진화한 생물만이 세대를 넘어 살아남는다. 이것이 바로 다윈이 주창한 진화론이다.

그런데 앞에서 언급한 것처럼 생물 개체도 성장과정에서 부딪치는 환경 변화에 대응해 자신의 몸을 바꾸는 '표현형 가소성'이라는 능력을 갖고 있다. 배경에 따라 몸 색깔을 바꾸는 카멜레온의 능력, 어렸을 때 어떤 병에 걸리면 그 병원균을 이물질로 인식하는 면역력 등이 바로 그것이다. 요컨대 이 세상에 태어난 후라도 '융통성을 보다 잘 발휘하는 개체가 살아남는다'는 것이다. 인간도 스트레스를 견디는 것만이 아니라 요령 있게 기분전환하는 것이 중요하다. 스트레스를 해소하는 것은 당신의 융통성 있는 태도에 달려 있다.

다윈의 시대로부터 오랫동안 '모든 비극은 부모의 유전자 탓'이라는 말이 생물학의 상식으로 통했다. 하지만 현대의 진화생물학은 '부모의 유전자 탓'이라고 탄식할 필요가 없다는 것을 가르쳐주고 있다. 당신도 환경에 따라 삶의 방식과 태도를 요령 있게 변화시킨다면 스트레스가 쌓이지 않는 인생을 보낼 수 있다.

쓰레기 DNA는 스위치였다

마치 조령모개(朝令暮改)와도 같은 생물의 변화하는 모습은 DNA 수준에서도 마찬가지라는 것이 명확하게 밝혀졌다.

10여 년 전까지만 해도 DNA의 배열 중에서 생물의 특징을 발현시키는 부분으로 밝혀진 단백질은 10% 정도에도 미치지 못했다. 나머지 90% 이상의 단백질은 아무런 기능도 하지 않는 '정크 DNA(junk DNA)'로 여겼다. '쓰레기 유전자'라고 불리기도 하는 정크 DNA는 유전정보가 없다는 이유로 쓰레기 취급을 받아왔다.

유전자는 DNA의 유전정보 배열 중에서 어떤 특정의 배열 정보로 되어 있다. DNA는 아데닌(Adenine, A), 시토신(사이토신, Cytosine, C), 테민(Temin, T), 구아닌(Guanine, G) 등 네 개의 염기가 쌍으로 연결된 이중나선 구조로 되어 있다.

이 네 개의 염기 배열 중 인접한 세 개의 염기가 늘어선 방식이 암호(유전코드)가 되며, 각 암호가 아미노산에 대응하여 우리가 살아가는 데 필요한 단백질을 만든다. 아미노산이 단백질을 만들어 우리 몸의 구조나 신진대사, 기억을 조절한다. 얼굴 생김새, 학습 능력, 체질, 병에 대한 면역력 등은 사람에 따라 다양한데, 이런 차이가 생기는 것은 '유전코드'가 개인마다 다르기 때문이다.

그러나 이게 다가 아니다. 우리 몸 안에는 현재는 아무런 쓸모가 없지만 인류가 포유류로 진화하는 데 도움이 되었던 DNA와, 먼 옛날에 유행했던 전염병에 대항하기 위한 DNA 등이 버려지지 않은 채 남아 있다. 그것들은 단지 과거의 유산일 뿐 현재는 쓸모가 없는 '쓰레기 DNA'라고 해석되어 왔다.

그런데 이 정크 DNA 영역에 생물의 표현형을 변화시키는 데 중요한 역할을 하는 '스위치'가 있음을 알게 되었다. 최근 분자생물학이 진전되면서 '정크 DNA' 대부분이 보통은 사용되지 않는 '다른 생존 기술'로 전환하기 위한 스위치 역할을 하는 것으로 밝혀지고 있다.

이 스위치 역할을 수행하는 DNA 영역은 '프로모터(promotor)'와 '인핸서(enhancer)'로 불린다. 프로모터는 정해진 염기 배열(대부분은 TATA로 되어 있다)로 시작되며 어떤 유전자에도 이런 스위치가 붙어 있다.

프로모터와 떨어져 있는 DNA 사슬 부분에는 몇 개의 인핸서라고 불리는 영역이 있는데, 이것은 프로모터와 함께 움직이며 유전자의 스위치를 제어한다. 인핸서는 프로모터의 발현을 돕는, 말하자면 자동차의 액셀러레이터와 같은 작용을 한다.

어떤 유전자가 언제, 어디서, 어떤 식으로 발현되든 제어하지 못하게 되면 문제가 발생한다. 만약에 남성 호르몬이나 여성 호르몬이 유치원에 다니는 아이에게 발현해 성적으로 성숙해져 버리면 어떻게 될까? 또 모근을 활성화시켜 발모를 촉진하는 세포가 코 주위에서 발현한다면 어떻게 될까? 아마도 사회 구조는 근본부터 뒤집혀버릴 것이다. 결국 각각의 유전자는 적절한 타이밍과 적절한 곳에서 발현해야 한다.

신기하다고 생각할지 모르지만 우리 몸을 만드는 세포는 모두 같은 DNA로 배열되어 있다. 그러니까 모든 유전자가 모든 세포에서 동시에 발현하면 카오스 상태가 되어버린다. 따라서 그렇게 되지 않도록 제어하는 구조가 있어야 한다. 우리 몸의 세포 속에 그런 구조가 있기에 키틴질의 손톱을 만드는 유전자나 모발을 자라게 하는 유전자, 정자와 난자를 만드는 유전자가 제각기 적절한 타이밍과 장소를 판독해 아미노산을 생성하며, 우리 몸을 구성하는 데 필요한 다양한 단백질이 만들어지는 것이다.

"자신이 처한 상황에 맞춰 행동방식을 바꾼다."

이것은 우리가 사회 속에서 맺는 인간관계에서도 마찬가지다. 예컨대 어떤 집단 안에서 다수파에 속한 사람들은 틈만 나면 소수파를 압박하려들겠지만, 다수파에 틈이 생기면 소수파도 반격을 시도한다. 이런 모습은 국제정치 세계에서나 회사,

학교 등의 인간관계에서나 모두 비슷비슷하게 나타난다.

조직이나 개인도 상황에 따라 모습이나 살아가는 방식을 바꾸는 것이 좋을 때가 있다. 서점에서 세일즈 노하우에 관한 책들을 보아도 이와 비슷한 이야기가 소개되어 있다. 상품과 서비스, 자신의 성격이나 특성을 '소비자의 니즈(needs)'라는 환경에 적절하게 대응시키는 사람이 최고의 세일즈맨이 된다는 식이다.

주어진 환경에 따라 변화하는 것은 생물의 원점(原點)으로 되돌아가 생각해보면 수억 년 전부터 생물들이 취해왔던 당연한 행동이다. 그러니까 안심해도 된다. **당신을 포함한 생물은 그리 약하지 않다. 특별히 유전자를 변화시키지 않아도 당신의 DNA 속에는 '환경변화에 대응할 수 있는 유전자'가 마련되어 있기 때문이다.**

유전자 다이어트

우리의 일상 속에서도 표현형을 변화시키는 스위치의 작용을 체감할 수 있다. 예를 들면, 대사증후군이 될 운명을 안고 태어난 사람이라도 적절한 운동을 하면 대사효율이 바뀌는 체내

구조를 만들 수 있다.

선천적으로 비만에 걸리기 쉬운 유전요소를 지닌 사람이 세상에는 일정한 비율로 존재한다. 런던대학 레이첼 배터햄(Rachel Batterham) 교수 연구팀은 일정한 시간마다 채혈을 해서 분석한 결과, 비만 체질을 지닌 사람들은 체내에 있는 비만 호르몬의 양이 상승하면 공복감을 느낀다는 사실을 밝혀냈다. 그런 사람들의 뇌는 고칼로리 음식에 흥미를 갖게 설정되어 있어 고칼로리 음식을 보기만 해도 뇌가 반응하여 과식하게 된다는 것이다.

레이첼 교수의 연구에 따르면 비만 체질을 지닌 사람들도 적당한 운동과 일을 하면 DNA의 지령에 변화를 일으켜 공복감을 통제할 수 있으며, 비만으로부터 벗어날 수 있다고 한다. 요컨대 인간은 생활습관을 바꾸면 본래 지니고 있는 유전자 스위치 조작이 가능한 능력을 갖추고 있다. 스위치 조작 하나로도 당신의 삶의 방식이나 인생을 충분히 변화시킬 수 있다는 것이다.

이처럼 현대의 진화생물학은 우리 생물이 '유전자만으로 정해지는 단 하나의 운명'을 짊어지고 사는 것이 아님을 밝혀냈다. 이 사실은 인류에게 커다란 희망이 아닐 수 없다. 인격이나 성격, 능력이 100% 고정된 게 아니라, 주어진 환경에 따라 달라질 수 있다고 하니까 말이다.

유전과 환경이 각각 어느 정도의 비율로 표현형을 좌우하는지를 살펴보면, 도형이나 패턴을 인지하는 능력은 30%가 자란 환경에 의해 결정되고, 문장력은 86%가 환경에 의해 결정된다고 한다. 또한 솔직한지 아닌지는 50% 정도가, 내향적인지 외형적인지는 60% 가까이가 환경에 의해 결정된다고 한다.

운명은 유전자만으로 결정되는 것이 아니다. 자신의 몸속에 심어진 DNA의 숨겨진 가능성을 믿어 보자. 생물들은 그런 변화 가능한 DNA의 발현에 의해서 위기를 극복해 왔다.

비록 어려운 문제에 직면하더라도 '이제 나는 쓸모없는 인간이야!' 식의 감정에 사로잡혀서는 안 된다. 우리는 자기 모습을 상황에 맞춰 적절하게 바꿀 수 있는 유전자를 타고났기 때문이다.

머리가 커지는 올챙이

몇몇 집단이 서로 긴장관계에 있을 때 다른 두 집단을 경쟁시키는
전법은 인간의 역사에서도 흔히 볼 수 있다. 바로 이간책이다.

봄이 되면 연못이나 웅덩이에는 올챙이가 우글거린다. 올챙
이는 포식자가 있는 연못에서는 피부가 두꺼운 반투명한 머리
를 두 배 정도나 팽창시킨다. 올챙이 DNA 속에는 적에게 잡아
먹히지 않으려고 모습을 바꾸는 융통성이 내재해 있는 셈이다.
적의 낌새가 느껴지면 모습을 확 바꿔 적의 공격을 멋지게 물
리친다.

도롱뇽은 올챙이를 통째로 삼키는 포식자다. 올챙이들은 천
적인 도롱뇽 유생(幼生, 태어나거나 부화한 후 성체가 되기 전까지의 발생 단
계. 유충, 애벌레라고도 함)이 있을 때만 변신한다. 머리가 엄청나게
커진 올챙이를 도롱뇽 유생은 삼킬 수가 없기 때문이다.

에조갈색개구리.

홋카이도대학 기시다 오사무(岸田 治) 교수는 2004년부터 홋카이도 연못에 사는 에조갈색개구리와 에조갈색개구리의 포식자인 에조도롱뇽을 연구한 후 놀라운 결과를 발표했다.

기시다 교수는 우선 올챙이들이 같은 연못에 적이 숨어 있다는 것을 어떻게 알아채는지 조사했다. 그는 포식자와 몸이 닿는 경험을 한 올챙이는 머리가 팽창한다는 사실을 밝혀냈다.

그러나 연못에 사는 올챙이를 위협하는 것은 도롱뇽만이 아니다. 잠자리 유충도 올챙이를 즐겨 먹는다. 잠자리 유충은 에조갈색개구리 올챙이를 통째로 삼키지 못하기 때문에 올챙이에 달라붙어 살을 뜯어 먹는다. 이러면 올챙이가 아무리 머리를 키운다 해도 대항할 수 없다. 그러니까 올챙이는 잠자리 유충에 대항해서는 또 다른 변신이 필요하다.

올챙이와 잠자리 유충이 같이 살게 하는 실험에서 올챙이는 머리를 팽창시키는 것이 아니라 꼬리의 피부를 두껍고 높게 만드는 모습을 보였다. 세로로 높고 강한 꼬리를 가진 올챙이는 잠자리 유충에게 습격을 받으면 강력해진 꼬리의 힘으로 헤엄치는 방향을 민첩하게 바꾸어 순식간에 잠자리 유충으로부터 도망칠 수 있게 된다.

에조갈색개구리 올챙이는 이렇게 적의 유형을 인식해 스스로 방어 방법을 변화시킨다.

그렇다면 왜 올챙이는 태어날 때부터 머리를 크게 만들거나 꼬리를 두껍고 크게 만들지 않을까? 애초부터 그렇게 해두면 언제든 안전할 텐데 말이다.

사실 그렇게 변신한 올챙이들은 적이 없는 곳에서 편안하게 사는 올챙이에 비해 성장이 느리고 변태(개구리로 되는 것) 시기도 상당히 늦어진다. 이것은 결국 방어를 위한 변신에는 그만한 대가가 요구된다는 것을 의미한다.

그런데 기시다 교수는 홋카이도의 한 연못에서 도롱뇽 유생과 올챙이가 함께 우글거리며 공존하는 모습을 보았다. 처음에는 그 상황을 이해할 수 없었다. 그는 '도롱뇽 유생이 올챙이를 통째로 잡아먹는데 어떻게 이렇게 올챙이가 많을 수 있지?'라고 생각했다.

기시다 교수가 품었던 이 의문은 놀랄 만한 사실에 의해 해명되었다. 도롱뇽 유생은 같은 종족이지만 자신보다는 작은 다른 도롱뇽 유생을 잡아먹으며 생존할 수 있었던 것이다. 말하자면 같은 무리끼리 서로를 잡아먹는 '동족상잔'이 벌어지는 것이다.

올챙이가 머리를 크게 팽창시키면 도롱뇽 유생이 먹을 먹이가 없어진다. 그러면 도롱뇽 유생은 자신보다 작은 다른 도롱뇽 유생을 잡아먹게 된다. 이것은 방어유형을 바꿈으로써 적의 동족상잔을 부추기는 올챙이의 교묘한 책략이라고도 말할 수 있다.

몇몇 집단이 서로 긴장관계에 있을 때 다른 두 집단을 경쟁시키는 전법은 인간의 역사에서도 흔히 볼 수 있다. 바로 이간책이다. 이것이 도롱뇽 유생과 올챙이가 같은 연못에서 공존할 수 있었던 비밀이다.

올챙이에게서 우리가 배워야 할 것은, 경험을 통해 위기를 미리 알아채고 자신을 변화시키는 능력이다. 그리고 여러 적들의 차이점을 알아내 그 적에 맞게 방어전술을 바꾸는 융통성이다.

올챙이는 이처럼 자신이 처한 환경을 알고 모습을 바꾸는 대응으로 생존해왔다. 우리 인간의 DNA에도 자신이 처한 환경을 멋지게 극복하는 방법을 발휘하게 하는 스위치가 무수히 숨겨져 있다. 인간 역시도 그 기능을 잘 이용할 수 있는 생물이라는 것을 인식해야 한다.

조령모개는
생물의 방어전술

적이 없는 동안에는 그만한 대가가 필요한 방어에 자원을
배분하지 않는 것이 진화생물학적 원칙이다.

파충류인 카멜레온의 '변신' 능력은 우리에게 아주 잘 알려
져 있다. 그런데 몸길이가 기껏해야 5밀리미터밖에 되지 않는
물벼룩이 포식자 냄새가 나는 물에 닿으면, 적에게 잡아먹히지
않도록 몸에 가시를 돋운다는 이야기를 들어본 적이 있는가?
놀랍게도 이 물벼룩은 '주변의 분위기'가 아니라 '물 냄새'를 맡
을 수가 있다.

그런데 가시가 돋는 물벼룩과 가시가 돋지 않는 물벼룩이
있다는 것은 이미 오래 전부터 알려져 있었다.

1981년에 위스콘신대학 스탠리 도슨(Stanley Dodson) 교수팀은
포식자인 커다란 모기 유충이 있는 물에 물벼룩을 넣으면 포식

자의 냄새를 맡은 물벼룩 몸에 가시가 돋는다는 사실을 보고했다. 그렇게 몸에 가시가 돋는 물벼룩은 모기 유충에게 쉽게 잡아먹히지 않는다.

하지만 물벼룩이 이렇게 가시를 돋는 방어 형태로 변신하려면 어미의 뱃속에 있을 때부터 물 냄새를 맡을 줄 알아야 한다. 포식자와 마주치고 나서 가시를 돋게 하는 재주는 없기 때문이다. '포식자가 있다'는 메시지를 가진 물 냄새를 읽으면 '가시가 돋게 하라'고 명령하는 유전자회로에 스위치가 켜져야 한다.

그런데 왜 물벼룩의 몸에는 태어날 때부터 가시가 돋아 있지 않은 것일까? 이 역시 앞에서 살펴본 올챙이의 경우와 마찬가지다. 가시가 돋친 물벼룩과 그렇지 않은 물벼룩의 성장속도의 차이에 그 이유가 숨어 있다. '가시 돋친 물벼룩은 성장속도가 느리고 증식률도 낮다'는 사실을 막스플랑크연구소의 랠프 톨리안 박사가 밝혀냈다. 물벼룩에게는 '가시가 돋게 하는 능력'과 동시에 '성장에도 지장이 없는 것'의 양립 가능성이 없다. 성장속도와 방어술의 진화는 '이율배반(trade-off)'의 관계다. 말하자면 올챙이와 마찬가지로 물벼룩도 방어를 위해 대가를 치러야만 한다는 것이다.

생물은 방어가 필요할 때만 다른 것을 희생하고 방어 스위치를 켠다. 적이 없는 동안에는 그만한 대가가 필요한 방어에 자원을 배분하지 않는 것이 진화생물학적 원칙이다.

물 냄새를 판독해 적에게 대처하는 능력을 진화시킨 생물로는 물벼룩 이외에도 큰가시고기가 있다. 이 능력은 많은 생물이 채용하고 있는 방어전법이다.

이처럼 환경이 변화하면 그에 대응해서 살아가는 기술을 바꾸는 생물의 사례는 너무 많아 일일이 셀 수 없을 정도다. 생물들은 환경(경기)이나 라이벌(타 회사), 천적(상사)에 따라 요령 있게 태도를 바꾸며 삶을 이어간다.

내가 살아남지 않으면 그 다음에는 아무 것도 이어지지 않는다. 입장과 이치, 도리에 얽매이지 않고 상황에 따라 전술을 바꾸는 조령모개의 전술이 바로 '생물의 원점'이며 '올바른 삶의 방식'이라는 것을 진화생물학은 가르쳐주고 있다.

'유전'보다
'성장환경'이 중요하다!

장수풍뎅이 수컷에 나 있는 뿔은 유전에 의해 길이가 결정되는

것일까, 아니면 성장환경에 의해서 결정되는 것일까?

초등학교 시절 여름방학이 되면 장수풍뎅이를 잡으러 산으로 갔던 추억이 있는 사람이 많을 것이다.

장수풍뎅이는 수컷의 크기가 서로 다른 점이 특징이다. 암컷은 어느 개체나 크기가 별반 다르지 않다. 하지만 수컷은 크고 멋진 뿔이 있는 대형 개체가 있는가 하면 몸무게가 대형 개체의 3분의 1도 안 되고 뿔도 작은 소형 개체가 있다. 그리고 몸집이 큰 수컷일수록 뿔도 그만큼 길다.

장수풍뎅이 수컷들은 나무 수액을 둘러싼 싸움에서 자신의 뿔로 달려드는 상대를 밀쳐낸다. 당연히 긴 뿔을 지닌 수컷이 싸움에 유리하다. 싸움에서 이긴 수컷은 수액을 먹으러 오는 많

은 암컷들을 독점할 수 있다.

그렇다면 장수풍뎅이 수컷에 나 있는 뿔은 유전에 의해 길이가 결정되는 것일까, 아니면 성장환경에 의해서 결정되는 것일까?

일반적으로 여자들은 키 큰 남자를 좋아하는 경향이 있는데, 키에 유전적 영향이 큰지 환경적 요인의 영향이 큰지로 바꿔서 생각해 볼 수 있다.

생물의 몸집 크기는 일반적으로 유전에 의한 영향이 크다. 부모의 키가 크면 그 자녀도 마찬가지로 키가 큰 경우가 많다. 그런데 수컷 장수풍뎅이의 뿔 크기는 대부분 유전이 아니라 성장한 장소의 영양 조건에 의해 결정된다는 사실이 밝혀졌다.

도쿄가쿠게이대학 가리노 겐지(狩田賢司) 교수팀은 장수풍뎅이 수컷과 그 새끼들을 길러서 뿔의 길이를 측정해보았다. 그결과 장수풍뎅이 뿔의 크기는 95~99%가 유전이 아닌 환경요인에 의해 결정된다는 사실을 알아냈다. 성장한 환경, 즉 영양이 풍부한 부엽토 속에서 자란 수컷은 큰 뿔을 가졌다. 장수풍뎅이 뿔의 크기를 결정하는 요인의 비중은 유전보다 성장환경이 컸던 것이다.

2012년 홋카이도대학 고토 히로키(後藤寬貴) 교수팀은 외국산 사슴벌레(수컷의 턱이 특히 잘 발달해 마치 투구뿔처럼 생겼다. 하늘가재라고도 한다—역주)의 턱 크기는 100% 성장한 환경요인에 좌우한다고 보고했다. 물론 턱 크기가 몸집 크기와 관계가 있어 환경요인뿐만 아니라 유전적 요인의 영향도 없지는 않을 것이다. 싸우기 위해 큰 턱을 가진 수컷이 그것을 지탱할 수 있을 만큼의 몸집을 갖지 않으면 신체균형상 애초부터 싸울 수가 없을 것이라는 점을 생각해보면 그것은 충분히 이해할 수 있다.

사람의 경우도 마찬가지다. 일본 사람들의 평균 신장은 제2차 세계대전 후 눈에 띄게 커졌다. 이것은 유전적인 요인이 아니라 식생활 변화와 관련이 있다. 이것 또한 '표현형 가소성'의 결과라고 할 수 있을 것이다.

이처럼 장수풍뎅이는 우리에게 물려받은 유전자보다는 어떤 환경에서 자녀를 키우는지가 더욱 중요하다는 사실을 가르쳐주고 있다.

궁지에 몰린 생물들의 전략

만약 도저히 이길 수 없는 라이벌이 존재한다면 지금과 같은
상황에서 몇 등까지 살아남을 수 있는지 따져봐야 한다.

하나의 시장을 둘러싸고 경쟁하는 라이벌 회사가 있을 때,
당신의 회사가 선택할 길은 다음의 두 가지일 것이다.

① 라이벌 회사와 치열하게 경쟁하여 업계의 최고가 된다.
② 이미 포화된 시장 이외에서 다른 먹잇감을 노린다. **(새로운 시장
   개척)**

사실은 이것도 생물이 수만 년에 걸쳐 진화시켜온 원리와
동일하다.

콩바구미라는 곤충이 진화 과정에서 몸에 익힌 전략을 살

펴보자. 콩바구미 성충은 콩, 팥 등 하나의 콩류 속에 알을 낳고 그 콩을 먹으면서 유충을 키운다. 그런데 자원인 콩의 수가 적을 때는 한 개의 콩 속에 여러 개의 알을 낳지 않을 수 없다. 이처럼 자원이 부족한 경우에는 같은 종의 콩바구미라도 서로 다른 생존방식을 택해 분화한다.

한 부류의 콩바구미는 한 개의 콩 속에서 자란 유충들이 서로 싸우다가 마지막에 살아남은 한 마리만 몸집이 큰 승자가 되어 성충이 된다. 말하자면 '시장독점형 생존방식'을 선택한 집단이다.

다른 하나의 부류는 한 개의 콩 속에서 서로 공존하며 모두가 성충이 되는 평화적인 집단이다. 하지만 이 평화주의자 집단은 몸집의 크기를 희생해야 한다. 하나의 시장을 나누어 갖기 때문에 작은 몸집으로 자랄 수밖에 없다.

또 다른 콩바구미 부류는 크기가 큰 콩을 포기하고, 무지개콩처럼 개수는 많지만 크기가 작은 콩을 찾아 돌아다닌다. 그들은 말하자면 '신흥시장 개척자'들인 셈이다.

물론 콩 역시도 콩바구미에게 당하고 있지만은 않다. 콩바구미에 대항해서 껍질을 더욱 단단하게 만들어 콩바구미가 들어오지 못하도록 방어한다. 콩 중에서 대두는 다른 전략을 써서 콩바구미들이 들어오지 못하게 하는데, 그들은 콩바구미가 소화하기 힘든 물질을 분비해 대항한다. 대부분의 바구미들은 이 대두를 먹지 못한다. 실험에서는 바구미의 일부만이 이런 대두의 성분을 소화시키며 성장했다.

이처럼 먹고 먹히는 관계는 가는 곳마다 공격과 방어의 전략을 갈고닦는다.

그럼 궁지에 몰렸을 때는 어떤 전략을 선택해야 하는가. 진화생물학적으로 생각하면 답은 명쾌하다. 라이벌과 견주어 '1등이 될 가능성이 있는가?'를 생각해 보는 것이다.

만약 도저히 이길 수 없는 라이벌이 존재한다면 지금과 같은 상황에서 몇 등까지 살아남을 수 있는지 따져봐야 한다. 아니면 1등의 추종자가 될 수 있을지를 모색한다. 이도저도 어렵다고 판단될 때는 신흥시장을 개척해 나가는 길밖에 없다.

진화해온 현존하는 생물들은 항상 이런 선택이 가져다준 '비용효용(cost benefit)'을 계산해 살아남는 길을 선택해 온 '역사의 승자'이다.

적을 정확하게 파악하는
능력이 중요하다

어미 진딧물은 가능한 한 병정 진딧물의 출산을 뒤로 미루고 싶어한
다. 평시에는 '노동자' 유형의 진딧물이 더 필요하니까.

방어에 어느 정도의 비용을 들일 것인가. 이것은 적에게 달
려 있다. 적이 없다면 방어 비용을 들이지 않아도 되지만 적이
없는 세상이란 있을 수 없다. 그러므로 적의 수와 힘을 헤아리
고 상황에 따라 자기를 방어하는 균형 감각이 중요하다. 곤충들
은 진화 과정에서 이런 모든 것에 교묘하게 대처해 왔다.

마당에 심은 화초나 채소 줄기 위에서 무리지어 번식하는
진딧물을 살펴보자.

진딧물에는 몇 가지 유형이 있다. 하나는 자라서 새끼를 낳
는 일에 종사하는 '노동자' 유형의 진딧물이고, 또 하나는 단단
하고 뾰족한 주둥이를 발달시킨 '병정' 유형의 진딧물이다. 또

다른 하나는 나뭇가지 위에 벌레혹(벌레집)을 만드는 진딧물이다. 그 속에서 새끼 진딧물들이 무럭무럭 자란다. 진딧물 일가에게 벌레혹은 일종의 '마이 홈'이다. 병정 유형의 진딧물은 벌레혹이 적에게 습격당했을 때만 밖으로 나와서는 뾰족한 주둥이로 적을 사정없이 찔러 적의 몸속에 독을 주입한다.

진딧물에게 이런 병정이 있다는 사실을 홋카이도대학의 아오키 시게유키(青木重幸) 연구자가 세계 최초로 발견했다. 벌레혹이 있는 나무를 흔들면 병정 진딧물들이 비가 쏟아지듯 떼를 지어 달려든다. 물리면 따끔거리기 때문에 사슴처럼 물린 통증을 기억하고는 그 나뭇잎 먹기를 주저하는 동물도 있다. 병정 진딧물의 존재는 이처럼 식물에게 큰 이익이 되기도 한다.

그런데 재미있는 사실은, 병정 진딧물이 가족 안에 어느 정도나 존재하는가는 '상황에 따라 달라진다'는 점이다.

적의 공격을 많이 받게 되면 진딧물의 어미는 많은 병정 진딧물을 낳는다. 그러나 적의 공격을 받지 않으면 병정 진딧물을 낳지 않는다. 어미 진딧물도 가능한 한 병정 진딧물의 출산을 뒤로 미루고 싶어 하기 때문이다. 평시에는 '노동자' 유형의 진딧물이 더 필요할 테니까.

이처럼 진딧물은 '자신의 주변에 숨어있는 적의 숫자와 적의 힘을 정확히 알아보는 능력을 갖춰야 한다는 사실'을 우리

에게 가르쳐주고 있다.

우리가 인생의 막다른 길을 만났을 때, 어디로 가야 할지 알려 주는 해답은 진화생물학에 있다. 생물은 상황에 따라 변신하는 능력을 획득해 왔다. 그 가소성의 유전자는 생물의 일원인 당신의 몸속에도 잠자고 있음에 틀림없다.

뒤로 미루기
결정을 뒤로 미루는 지혜

<테마 02>에서는 코앞에 닥친 문제를 '뒤로 미루는 생물들의 전략'을 소개한다. '죽은 척하기'라 불리는, 갑자기 모든 움직임을 멈추어버리는 동물들이 있다. 이런 죽은 척하기 행동도 '당장은 그 문제의 답을 결정하지 않는 미루기 전략'으로, 생물이 진화시켜온 기술이다. 이 같은 '결정하지 않는 지혜'는 적극적으로 사고를 정지시켜 그 자리를 피함으로써 살아남는 생존기술이기도 하다.

먹는 자와 먹히는 자의 관계는
고정되어 있는가

먹는 자와 먹히는 자의 관계는 고정된 것이 아니라

언제나 동적으로 변하는 관계이다.

상사와 부하는 천적과 먹잇감의 관계?

일반적으로 '뒤로 미루는 일'을 그리 좋지 않게 생각하는 경향이 있다. 일이든 공부든 혹은 집안일이든 뒤로 미뤄봐야 어차피 자신이 해야 하기 때문이다. 그러나 진화생물학에서 보면 이러한 '뒤로 미루기'는 바로 많은 생물들이 진화 과정에서 몸에 익혀온 현명한 생존 전술이다.

생물들은 언제나 눈앞에 닥친 상황을 판단해야만 한다. 지금 바로 그것을 해야만 하는가, 아니면 뒤로 미룰 것인가?

어떤 생물들은 적에게 습격당했을 때 도망치는 것이 아니라 대응을 뒤로 미루는 전술로 위기를 모면한다.

이 장에서는 그런 '생물에게 배우는 뒤로 미루기의 전략'에 대해 생각해보기로 하겠다.

생물계의 모든 생물에게는 천적이 있는 것처럼 인간세계의 모든 직장인에게는 상사라는 '피곤한 존재'가 있다. 또한 어떤 생물에게는 천적인 생물에게도 그보다 더 힘이 센(보다 차원이 높은) 포식자가 있으며, 직장 상사에게도 그보다 더 높은 지위에 있는 상사가 있다. 회사를 세운 사장이 아니라면 반드시 자신보다 높은 지위의 관리자가 있기 마련이다.

그런데 상사란 '부여된 (알량한) 재량의 범위 내에서 부하에게 위세를 떨어도 되는 존재'만은 아니다. 예를 들면, 대학에서 제일 높은 위치에 있는 총장도 교육부의 관리를 받는다. 각 도의 최고위직인 도지사 역시 중앙정부의 감사를 받아야 한다. 봉급 쟁이 사장 또한 기업 소유주인 회장이나 주주에게 항상 감시당하기에 회사 일이라고 자기마음대로 처리할 수 없는 것이 현실이다.

이처럼 높은 사람은 높은 사람대로 상급기관의 관리를 받아야 하고 자신의 재량권 범위 내에서 일한다. 그런 모습은 바로 먹이사슬과도 같다. 바꿔 말하자면, 우리는 생태계 피라미드가 아닌 '관리직 피라미드' 속에서 살고 있다고 할 수 있다.

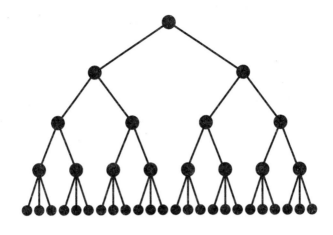

관리직 피라미드.

생태계 피라미드와 먹이사슬

여기에서 전하고 싶은 메시지는 현대사회가 만들어낸 이 관리직 피라미드가 '생물학적으로 보면 분명하게 잘못된 것'이라는 점이다.

생태계 피라미드는 먹고 먹히는 생물들의 관계를 나타낸다. 그 정점에 육식동물인 사자와 매가 그려져 있고 초식동물이 삼각형의 가운데쯤에 자리하고 있으며, 식물과 균류 같은 분해자들이 제일 밑바닥에 있다. 생물 교과서에 반드시 실려 있는 먹이사슬이라는 그림이다.

상사 위에 더 높은 상사가 정연하게 연결되어 있는 회사의 조직도는 맨 아래의 평사원에서부터 최고책임자까지 이어지는 방대한 관리직 피라미드 형태로 되어 있다. 인간사회가 만든 이 피라미드는 위에서 아래로 명령이 전달되는 상의하달 식 구조가 대부분이다. 그런데 생물학의 최근 연구에서는 실제 생태계가 교과서에 실려 있는 피라미드와는 상당히 다르다는 사실을 보여준다.

이전의 생물학에서는 먹고 먹히는 관계를 피라미드 형태라고 생각하고, 이것을 먹이사슬이라고 불렀다. 그러나 현대의 생태학은 먹고 먹히는 관계가 피라미드 형태가 아니라 몇 종류의 포식자와 몇 종류의 피식자가 서로 그물 모양의 관계를 이루는 구조로 되어 있다는 사실을 밝혀냈다. 이것을 '먹이그물(food web)'이라고 한다. 요컨대 먹는 자와 먹히는 자의 세계는 고정된 종적 사회가 아니라 시공간적으로 역동적 움직임을 보이는 유연한 구조인 것이다.

예를 들면, 먹는 자와 먹히는 자가 언제나 같은 쌍이 위아래에 위치하도록 정해져 있는 것은 아니다. 생물이 사는 환경이 늘 일정한 것은 아니며, 계절도 바뀌고 밤과 낮도 있다. 장소나 계절의 변화에 따라서 다른 먹이나 다른 포식자가 나타나는 것이 야생의 세계이다. 먹는 자는 눈앞에 있는 먹이가 맛있는지 맛없는지를 판단한다. 그리고 당연히 맛있는 먹이부터

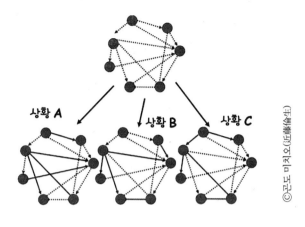

먹이 그물(food web)
상황에 따라 유연하게 변화하는 현실적인 '먹이그물' 개념도.

먼저 먹는다. 보다 영양가 높은 먹이가 나타나면 그들의 표적은 바뀐다.

먹히는 자 역시도 먹어야 살 수 있다. 풀을 뜯어먹는 초식동물도 풀이 있는 곳을 찾아 여기저기로 옮겨 다닌다. 그러니까 어떤 한 장소에서 먹는 자와 먹히는 자의 관계는 고정된 것이 아니라 언제나 동적으로 변하는 관계이다.

이렇게 보면 먹는 자와 먹히는 자가 늘 대치하고 있다가 부딪히면 하급자를 좌천시키거나 상급자에게 호소할 수밖에 없는 일본의 종적인 관리직 피라미드의 취약성에 비해, 생물이 진화시켜온 먹이그물 쪽이 변동하는 환경에 훨씬 더 유연하게 대응하는 구조라는 것을 알 수 있을 것이다.

먹이그물은 교과서에 나와 있는 것처럼 2차원의 평면적이고 정적인 구조가 아니다. 먹이그물은 입체적인 동시에 동적으로 유동하며, 포식자가 피식자를 골라 먹을 수 있는 구조이다. 이 같은 구조가 진화적인 시간으로 보면 보다 오래 지속될 수 있다. 바로 이 먹이그물 개념을 이론생태학자인 교토대학 생태학연구센터 곤도 미치오(近藤倫生) 박사가 2003년에 세계 최초로 《사이언스》지를 통해 주장해 생태학자들을 놀라게 했다.

보다 유연한 상하관계일수록 조직에서도 지속가능한 관계를 구축할 수 있다는 것을 생태학이 우리에게 가르쳐주고 있다. 인간사회도 생물의 먹이그물에서 배운다면 좀 더 역동적이며 유연한 조직을 만들 수 있을 것이다.

많은 상사와 많은 부하가 보다 유동적으로 이동하면서 서로 아이디어를 제시하고 또 서로의 의견을 수렴해가는 관계를 구축한다면, 새로운 것을 만들어내고 혁신하는 작업이 훨씬 용이해질 것이다. 그리고 상사와 부하의 관계도 지금처럼 그렇게 각박하지는 않을 것이며, 결과적으로 정체되지 않고 생태계처럼 오래 지속되는 튼튼한 구조의 회사를 만들 수 있을 것이다. 이것이 진화생물학자인 나의 생각이다.

사회의 구조나 사람의 사고방식도 부모에게서 자식에게로

전해지면서 변화한다. 오늘날에는 이것을 '문화의 진화'라고 한다. 이렇게 보면 조직의 구조도 진화해야 마땅하지만 왠지 변하지 않는 것이 종적 사회이다.

종적 사회는 일단 그 구조 속에 편입되면 아무 것도 생각하지 않고 일을 추진할 수도 있기 때문에 편한 측면도 있다. 상사는 가지고 있는 자원을 배분하면서 부하에게 일을 시키면 되고 부하는 상사가 시키는 대로만 하면 된다. 그 결과 도출된 시스템을 유지할 것인지 말지는 오로지 최고책임자가 결정하기만 하면 된다. 이렇게 해서 조직 내에 예스맨이 선택되며 살아남는다.

그러나 과연 그런 조직으로도 문제가 없는 걸까?

그래도 별 문제가 없다면 그것은 아직까지 여유 있는 조직이라는 증거다. 새로운 일을 지금은 할 수 없다며 뒤로 미루면 그것으로 끝난다. 여유가 있는 동안에는 주어진 일만 처리하면서 변화가 필요한 일은 뒤로 미루어도 문제가 발생하지 않는다. 쉽게 말하면 변해야 할 필요성이 없는 것이다. 똑같은 환경에서 살았기 때문에 7,000만 년 동안 전혀 변하지 않았던 실러캔스(Coelacanth)를 떠올리면 진화생물학적으로 쉽게 이해가 갈 것이다.

고도성장기라면 그런 식으로도 조직을 유지할 수 있다. 그런데 이제 여유가 없어진 시대를 살고 있다. 그럼에도 여전히 변하지 않는 시스템을 유지하며 환경에 적응하지 못하는 회사는 살아남을 수 없다. 종전의 시스템이 제대로 작동하지 않고 있는 지금, 환경에 적응하지 못하는 회사가 살아남기는 어렵다. 예스맨형 피라미드 조직은 즉각 기능을 잃어버릴 수밖에 없다.

또한 아무리 고도성장의 시대라도 설립한 지 얼마 안 된 회사는 예스맨형 피라미드 조직에 머물러서는 안 된다. 상사나 부하가 구별 없이 모두 나서서 난국을 헤쳐나가야 하기 때문이다. 신생 조직에서는 팀워크와 네트워크가 더욱 중요하다.

뒤로 미루는 것이 유효한지 아닌지는 역시 환경에 달렸다.

직장의 갈라파고스화

'권력'이라는 달콤한 꿀맛을 본 사람은
스스로 권력을 내려놓는 것이 불가능하다.

이미 시스템이 고착된 대기업들은 예스맨형 피라미드 조직의 문제점을 알고 있어도 바꾸기가 쉽지 않다. 나쁜 것은 상사도 아니고 부하도 아니다. 회사의 시스템이 문제일 뿐이다. 좋은 상사라면 누구라도 언제까지나 함께하길 바랄 것이고, 그와 반대로 나쁜 상사라면 지금 당장 바꿔주기를 원할 것이다. 그러나 생태계가 구축해온 것처럼 유연하게 상사나 부하가 교체되는 시스템을 인간사회에서는 받아들이기 어렵다. 인간사회에서는 일단 '권력'이라는 달콤한 꿀맛을 알게 되면 사람은 스스로 권력을 내려놓기가 어렵기 때문이다.

생물의 세계에서는 먹이가 줄어들면 포식자가 곧바로 이동한다. 이동을 통해 새로운 먹잇감을 구하는 생물만이 살아남아 진화할 수 있기 때문이다. 그러나 인간의 경우에는 상사(포식자)가 싫다고 해서 마음대로 다른 부서나 회사로 옮겨가기는 어렵다.

이런 관점에서 볼 때 생물의 먹이그물과 같은 융통성을 인간사회에서 실현시킬 가능성이 있다고 한다면, 그것은 아무 데도 매이지 않는 프리 에이전트(Free Agent) 방식이다. 그러나 조직에 속하지 않은 프리 에이전트는 자유롭기는 하지만 어떤 보장도 받을 수 없다. 약해지면 끝장이며, 죽음만이 기다리고 있을 뿐이다. 따라서 조직에 속하지 않는 프리 에이전트는 일정한 보장 아래 일할 수 있는 구조를 만드는 것이 중요하다.

국경이나 지방자치체가 없는 생물은 자유롭게 이동할 수 있다. 하지만 보험이나 복지의 혜택을 누리는 인간사회에서는 그렇게 자유롭게 옮겨 다닐 수가 없다. 만약 이 같은 자유가 부여된다면 시스템을 관리하는 법률이나 법규 등이 뒤죽박죽이 될 것이고, 세상은 혼란에 빠질 것이다. 그렇다고 관리자가 부하직원을 보다 유리한 조건으로 다른 곳에 보내는 일은 생각할 수도 없다.

뿐만 아니라 지금 일본사회는 인구의 감소와 고령화라는 이중삼중의 난제를 떠안고 있다. 생물이 가혹한 '생존경쟁'이라는 진화의 결과물로써 이루어낸 유연한 조직형태를 인간사회에서 실현하기에는 현대의 인간관계에 걸림돌이 너무나 많다.

좁은 인간관계 속에서 이동할 곳을 잃은 천적(상사)과 먹잇감(부하)이 계속 얼굴을 마주한 채 지내는 관계는, 마치 진화의 막다른 골목에 다다른 두 사람의 관계처럼 빼도 박도 못할 처지이며, 외부 세계의 변화에도 대처하기 어려운 관계이다.

이것이 바로 직장의 갈라파고스화다.

칠성무당벌레의 최적화된
먹이사냥 전략

천적관계인 칠성무당벌레와 진딧물은 절묘한 균형을 이루며 멸종되지
않고 삶을 이어간다. 결코 고갈되지 않는 시스템인 것이다.

이제 앞에서 언급한 칠성무당벌레의 사냥 과정을 상세히 들
여다보자.

'아까우니까 남기지 말고 모두 먹어야 한다!'는 교육을 받은
적이 없는 칠성무당벌레들은 하나의 가지 줄기에 있는 진딧물
을 죄다 먹어치운 다음에야 다른 줄기로 옮겨가는 식사 예법을
모른다.

칠성무당벌레는 진딧물이 많이 있는 줄기에서는 당분간 식
사를 계속하겠지만 진딧물이 줄면 그곳을 버리고 다른 줄기로
날아간다. 먹이가 나타나는 빈도가 어느 정도까지 낮아지면 먹
이가 풍부한 다른 가지로 이동하는 생활을 반복하는 것이다.

날개가 있는 포식자인 무당벌레는 제멋대로다. 그들은 자신들이 착지한 곳에서부터 시작해 눈에 띄는 개체를 먹어치우면서 점점 위로 올라간다. 마침내 줄기 꼭대기에 다다른 무당벌레는 햇빛이 쏟아지는 창공을 향해 날아올라 다른 가지로 이동한다.(무당벌레를 '천도충(天道虫)'이라고 표기하는 것은 이 때문이다.)

생물학에서는 포식자(상사)가 어떻게 먹잇감(부하)을 먹는(사용하는) 것이 효율적인지 그 기준에 대해 연구했다. 옥스퍼드대학 조류 연구가인 존 크레브스(John Krebs) 교수가 1970년대에 이미 '최적 섭이 이론(optimal foraging theory, 最適攝餌理論)'이라는 먹이의 흡수 효율을 최대화할 수 있는 이론을 제시했다. "한 곳에서 식사를 계속하면 먹잇감이 점점 적어진다. 같은 곳에서 계속 먹는 것은 아무래도 효율성이 떨어지니까 일정한 시간이 지나면 다른 먹잇감이 있는 곳으로 옮기는 것이 최적이다"라는 것이 '최적 섭이 이론'이다.

새와 물고기를 포함한 대부분의 포식자는 이런 최적의 기준에 의거해 먹잇감을 찾는다.

칠성무당벌레도 한 곳에서 먹잇감을 모조리 먹어치우지 않고 대충 잡아먹는다. 사실 이렇게 군데군데 남겨놓고 먹는 것이 이상적이다. 한 마리도 남김없이 죄다 먹어치우면 먹잇감(진딧물)이 새로 증식하는 데 시간이 걸리기 때문이다.

먹히지 않고 남겨진 진딧물은 더듬이로 무리와 접촉하는 빈도를 통해 주위에 있는 무리가 줄었음을 알게 된다. 그러면 이 사실이 즉각적으로 뇌신경에 전달되고 난소에 새끼를 많이 낳으라는 지령으로 이어진다. 이렇게 해서 새롭게 많은 새끼 진딧물이 태어난다.

줄기에서 즙을 빨아먹는 진딧물을 '간모(幹母, 월동한 알에서 부화한 진딧물은 모두 암컷이며 이를 간모라고 한다-역주)'라 하는데, 간모는 수컷과의 교미 없이 체내에서 알을 유충으로 키운 후 차례차례로 줄기 위에 낳는다. 그렇게 해서 몇 주 후면 칠성무당벌레가 잡아먹기 전의 상태로 그 숫자를 회복시킨다.

그 무렵이 되면 다른 줄기의 진딧물을 대충 먹어치운 무당벌레가 원래의 줄기로 되돌아와 다시 제멋대로 먹어치운다. 이렇게 해서 칠성무당벌레와 진딧물은 절묘한 균형을 이루며 멸종되지 않는 삶을 이어간다. 결코 고갈되지 않는 시스템인 것이다.

'지속가능한 자원공급 시스템'이라는 관점에서 보자면 이와 같은 먹잇감을 먹는 방식이 이상적이다. 먹히지 않은 진딧물은 그 자리에서 다시 증식할 수 있고, 칠성무당벌레도 진딧물이 지나치게 증식하기 전에 되돌아와 다시 먹어치울 수 있다.

최근에 뱀장어와 다랑어의 가격이 치솟고 있다. 마구잡이식 조업으로 그 숫자가 급감하고 있기 때문이다. 특히 치어까지도 깡그리 훑어버리는 어업 방식은 매우 큰 문제다. 우리 인간도 적당히 대충 먹어 먹잇감을 보존하는 칠성무당벌레에게 배워야 한다. 인간의 과도한 상업적 수렵 방식은 진화생물학적으로 보면 아주 잘못된 것이다.

죽은 척하기는
'움직이지 않는 전술'

'움직임을 멈추는 행위'는 움직이는 것에 반응하는
포식자에 대해서 매우 유효한 방어수단이다.

때로는 '움직이지 않는' 행위가 살아남는 데 최선의 방법이
다.

총탄이 우박처럼 쏟아지는 전쟁터에서 의식을 잃고 기절했
던 사람이 생존하는 경우가 꽤 있다. 혼전이 벌어지는 전쟁터에
서는 때때로 적과 아군이 구별되지 않는 상황이 벌어지기도 한
다. 전사한 병사들 틈에 뒤섞여 죽은 체를 함으로써 목숨을 건
진 병사들도 적지 않을 것이다.

이런 행위에 대해 어떤 사람은 수치스럽다고 느낄지도 모르
지만, 어쨌든 살아남았기 때문에 진화생물학적으로는 올바른
행위라고 할 수 있다. 확실히 약자에게 '죽은 척하기'는 살아남

기 위한 효과적인 지혜이다.

전쟁터에서 병사는 비정하다. 그들은 쓰러진 적이 정말로 죽었는지를 확인하기 위해 칼끝으로 적의 손이나 발 등을 찔러 보기도 한다. 그때도 고통을 참고 죽은 척한 덕분에 살아남았다는 이야기도 들은 적이 있다. 칼로 다시 찌르며 확인하는 적도, 필사적이지만 거기에 반응하지 않고 참는 병사도 필사적이다.

집구석에 숨어 있다가 하루살이나 파리 등, 움직이는 곤충들을 잡아먹는 깡충거미도 이런 비정한 병사와 똑같은 행위를 한다.

시골 농가의 쌀뒤주나 밀가루가 바람에 날려 쌓인 곳 등에 가끔씩 생겨나는 작은 갑충(甲蟲, 곤충강 딱정벌레목에 속하는 곤충을 통틀어 이르는 말. 딱정벌레라고도 한다-역주)류는 깡충거미에게 습격을 당하면 죽은 체한다. 그러면 깡충거미는 죽은 체하는 갑충을 잠시 주시하다가 정말 죽었는지 확인하기 위해 한 번 더 건드려 본 후, 그래도 갑충이 움직이지 않으면 정말로 죽었다고 생각하고 공격을 멈춘다. '움직임을 멈추는 행위'는 움직이는 것에 반응하는 포식자에 대해서 매우 유효한 방어수단이다.

'섣불리 움직이지 않기'의 유리함은 회사의 인사나 업무의 배정에서도 자주 볼 수 있는 일이다. 피하고 싶지만 누군가는 맡아야만 하는 자리, 가기 싫어도 가야만 하는 출장 등 하고 싶지 않지만 하지 않으면 안 되는 일이 있다. 이런 업무들이 다른 사람에게 맡겨졌을 때, 마음 한구석에서는 양심의 가책을 느끼면서도 안도의 한숨을 내쉬었던 경험은 누구나 한 번쯤 있지 않을까.

언제나 잡아먹힐 위험에 처해 있는 동물들은 애초부터 양심의 가책 따위를 느낄 이유가 전혀 없다. 생물들은 목숨을 걸고 진지하게 죽은 체하는 연기를 하고 있기 때문이다.

보통은 이런 방법이 너무나 원시적이라 진짜로 효과가 있을까라고 의심하기도 한다. 과연 '죽은 척하기 전략'은 자연계에서 보편적으로 볼 수 있는 현상일까? 이와 같이 적으로부터 위협을 인지하면 움직임을 멈추는 행동 패턴은 많은 동물들에게서 관찰된다.

예를 들어 어떤 지역의 양은 큰 소리가 나면 털썩 쓰러져버린다. 긴 꼬리가 있는 쥐 비슷하게 생긴 주머니쥐(Opossum)는 위험을 느끼면 고개를 젖혀 위를 보며 죽은 척하는 것으로 알려져 있다. 그래서 영어에서 '죽은 척하는 것'을 '주머니쥐 놀이하다(playing opossum)'라고 표현하기도 한다.

닭은 가슴 부위를 잡히면 신경이 이완되어 움직이지 못하게 된다. 이런 현상은 밤에만 나타나는데, 닭의 천적은 야행성 들개다. 들개가 닭을 물면, 물린 닭은 그 자리에서 기절해버린다.

이 모습에 놀란 들개가 당황해 물었던 것을 놓치면 닭은 그 틈에 후다닥 도망친다.

아프리카에는 물의 진동을 감지하면 움직이지 않고 마른 나뭇잎처럼 호수 바닥으로 가라앉는 포식어가 있다. 바다의 사냥꾼으로 모두에게 공포의 대상인 상어조차도 자극을 가하면 잠깐 동안 몸을 뒤집고 바다 위에 둥둥 떠서는 움직이지 않는다. 개구리와 뱀도 적을 인지하면 몸을 뒤집은 채 움직이지 않는 습성이 있다.

어린 시절에 곤충을 채집했던 경험이 있는 사람이라면 누구나 알고 있을 것이다. 사슴벌레나 바구미처럼 등이 딱딱한 갑충은 자신들이 잡힐 것 같으면 붙어 있던 풀이나 나무에서 땅으로 떨어져 움직이지 않는다. 그때 갑충의 몸 색깔은 지면과 비슷하게 변하기 때문에 땅에 떨어진 갑충을 다시 찾아내기는 쉽지 않다.

포유류에서 곤충에 이르기까지 이 세상에는 죽은 척하는 생물들이 많다. 얼핏 원시적인 행위로 보이는 죽은 척하기가 가혹하기 그지없는 생물의 세계에서도 살아남는 데 정말로 도움이 되는 것일까?

이웃을 희생시켜
살아남는 전술

죽은 척하는 개체는 자신이 움직이지 않음으로써 포식자가 근처에서
돌아다니는 다른 먹잇감에게 시선을 돌리게 만든다.

나는 한때 이런 의문(죽은 척하는 행위가 살아남는 데 도움이 될까)에
대한 답을 찾기 위해 연구를 한 적이 있다. 《파브르 곤충기》를
쓴 프랑스의 곤충학자 장 앙리 파브르(Jean Henri Fabre) 등이 이
점에 관심을 갖고 연구를 진행했지만 어떤 연구자도 밝히지 못
한 수수께끼라는 것을 알게 되었다. 파브르는 《파브르 곤충기》
에 이런 말을 남겼다.

"그런(죽은 척하는) 전략은 애초부터 있을 수 없다. 죽은 척하는 것
은 꾸며낸 것이 아니다. 그것은 거짓 행위가 아니다. 먹잇감이 미
묘한 신경성 발작을 일으켜 일어난 일시적인 실신상태다."

파브르는 '죽은 척하기'가 꾸며낸 행위가 아니며, 생존에도 도움이 되지 않는다고 결론을 내렸다.

인류가 풀지 못한 수수께끼와 만났을 때 연구자라면 거기에 대한 호기심이 발동하기 마련이다. 나도 그랬다. 나는 '죽은 척하기는 생존에 도움이 되는가'라는 물음에 답을 얻기 위해 10여 년에 걸쳐 데이터를 축적했고, 마침내 생물의 죽은 척하는 행위의 의미를 세계 최초로 검증하는 데 성공했다. 그것이 2004년의 일이다.

사실 나 스스로도 이 작은 발견이 얼마나 대단한 일인지 몰랐다. 그런데 이 연구 결과가 세계적으로 권위를 인정받는 과학 잡지인 《사이언스》지 온라인판과 《네이처》지에 실렸고, 7개국 이상의 과학 관련 미디어에도 소개되어 큰 반향을 일으켰다. 나로서는 놀랄 만한 일이었다.

이 발견 이후 다른 나라의 연구자가 동물의 죽은 척하기에 관한 연구 논문을 잡지에 투고하면 그 연구결과의 신빙성에 대해 나에게 의견을 물곤 했다. 미디어를 보고 있으면 이 세상에는 어떤 현상에도 전문가라는 사람이 존재한다는 사실에 감탄하기도 한다. 하여튼 '죽은 척하기'에 대해서는 아무래도 나를 세계적인 전문가로 인정하는 듯하다. 이제부터 독자 여러분과 죽은 척하기 연구 얘기를 하고자 한다.

죽은 척하기는 생존에 도움이 될까

"죽은 척하기는 생존에 알맞은 방법이기 때문에 진화했다."

이것을 어떻게 증명하면 좋을까?

현대 진화생물학에서 '어떤 전략이 생존에 도움이 되는가?'를 증명하는 것은 간단하고 명쾌하다. 다음의 세 가지 조건을 증명하기만 하면 된다.

① 어떤 형질에는 개체에 따라 한결같지 않은 면이 있다. ➜ **변이**
② 그 형질은 유전 메커니즘에 따라서 후손에게 전달된다. ➜ **유전**
③ 그 형질이 생존에 유리하다면 살아남아 자손을 남길 수 있다. ➜
  선택

'죽은 척하기' 역시도 이 세 가지 조건이 충족되면 진화되는 행동이라고 할 수 있다.

① 죽은 척하기를 자주 하는 개체와 별로 하지 않는 개체라는 변이
  가 있다.
② 죽은 척하기라는 행동은 유전을 통해 후손에게 전달된다.
③ 죽은 척하기를 한 개체가 생존에 유리하며, 보다 많은 자손을 남

길 수 있다.

이렇게 보면 이 세 가지를 조사하는 것이 아주 간단한 일처럼 생각될 수도 있다. 그러나 생각처럼 그렇게 간단하지가 않다. 나는 이것을 증명하는 데 8년여의 세월을 보내야만 했다.

거짓쌀도둑거저리 실험

———

나의 연구의 주역은 몸길이가 3밀리미터 정도에 불과한 거짓쌀도둑거저리라는 독특한 이름을 가진 일종의 쌀벌레다. 보관된 쌀에 간혹 생기는 느치라는 해충과 비슷하게 생겼다.

그런데 자연선택의 제1의 조건, '① 어떤 형질에는 개체에 따라 한결같지 않은 면이 있다(변이)'는, 이 경우엔 '죽은 척하기의 빈도가 개체에 따라 다른가?'라는 문제가 된다.

이에 대한 대답은 이 벌레를 이용해 앞선 연구자들이 행했던 연구를 기록해놓은 문헌 속에 있었다.

채집한 지역에 따라 죽은 척하기를 하는 비율이 다른 집단이 발견되었던 것이다. 같은 종류의 벌레 중에서도 죽은 척하기를 하는 시간이 한결같지 않다는, 즉 개체마다 개성이 있다는 것을 보여주는 자료였다.

거짓쌀도둑거저리는 알에서 성충이 되기까지 40일 정도 걸린다. 밀가루만 주면 물 없이도 활발하게 번식하는 아주 키우기 쉬운 벌레라서 실험에 많이 사용된다. 나는 거짓쌀도둑거저리 중에 죽은 척하는 시간이 긴 유형과 짧은 유형을 학생들과 함께 육종(育種)했다. 육종은 예전부터 고시히카리(벼 품종의 하나. 도열병에 잘 걸리지만 질이 좋고 맛이 좋음—역주)나 와규(和牛, 일본의 토종 소 흑우를 다른 종과 교배하여 고급 육우로 개량한 것—역주) 등의 품종개량을 위해 사용해온 농축산물의 개량 방법이다.

만약 육종에 성공하면 '죽은 척하기'라는 행동에는 자연선택의 제1과 제2의 조건, 다시 말하자면 유전적인 변이가 있다는 증명이 된다. 그리고 죽은 척하기를 하는 집단과 하지 않는 집단을 만들 수 있으면 죽은 척하기가 생존에 유리한지 불리한지를 밝힐 수 있다.

세대별로 거짓쌀도둑거저리 갑충 암컷과 수컷을 각각 50마리씩 골랐다. 그러고 나서 1마리씩 핀셋으로 집어 하얀 접시 위에 일정한 높이에서 떨어뜨린 다음, 거짓쌀도둑거저리들이 죽은 척하기를 지속하는 시간을 스톱워치로 재서 기록했다. 보기엔 단순하지만 대단히 끈기가 필요한 작업이다.

거짓쌀도둑거저리 100마리가 죽은 척하기를 지속하는 시간을 점수화해 가장 높은 점수를 기록한 10마리의 암컷과 수컷을 번식시켜 나온 집단을 '롱 계통'이라 이름 붙였다. 반대로 가장 점수가 낮은 10마리의 암컷과 수컷을 번식시켜 나온 집단에는 '숏 계통'이라 이름 붙였다.

세대를 거듭함에 따라 '롱 계통'과 '숏 계통'의 죽은 척하는 시간은 뚜렷하게 나뉘었다. 15세대 정도를 육종(약 2년)한 후에는 '숏 계통'의 모든 개체가 죽은 척을 하지 않게 되었다. 반면 '롱 계통'에서는 모든 개체가 죽은 척을 했다. 그것도 10분 이상이나 전혀 움직이지 않는 벌레로 성질이 바뀌었다.

죽은 척하는 행동이 부모에게서 자식에게로, 자식에게서 손자에게로 유전된 셈이다. 이로써 자연선택의 두 번째 조건, '② 그 형질은 유전이라는 메커니즘을 통해 후세에게 전달된다(유전)'는 것이 증명되었다.

이제 남은 것은, '③ 그 형질이 생존에 유리하다면 살아남아 자손을 남길 수 있다(선택)'는 세 번째 조건이다. 그러니까 죽은 척하기를 하는 개체가 생존에 정말로 유리한지 여부를 조사하면 된다. 죽은 척하기가 적응으로 진화할 수 있는 성질이라는 것을 파브르 이래 최초로 증명하는 일이 이제 우리 눈앞에 다가와 있는 것처럼 보였다.

죽은 척하는 동물의 93%가 목숨을 구한다!

죽은 척하는 집단과 그렇지 않은 집단처럼 유전적으로 전혀 다른 성질을 가진, 같은 종류의 벌레에 대해 포식자의 관심은 다를까? 이를 위해서는 우선 거짓쌀도둑거저리의 천적을 알아야 했다.

이 거짓쌀도둑거저리는 아주 오래 전에는 나무껍질 밑에 숨어 살았던 것으로 추측된다. 그러나 인류가 출현하자 밀가루나 쌀 속으로 들어와 살게 되었다. 그로부터 오랜 시간이 흐른 지금은 보관해놓은 밀가루나 쌀 등이 이 벌레가 진화해온 자연의 현장이라고 말할 수 있을 것이다.

나는 몇몇 식품회사 창고나 농촌에서 볼 수 있는 코인 정미기(동전을 넣으면 즉석에서 쌀을 도정해준다)를 100곳 이상 조사해 거짓쌀도둑거저리와 깡충거미의 관계를 자세히 알아보았다. 그 결과 이 벌레의 주된 천적이 초승달깡충거미(Hasarius adansoni)라는 사실을 알아냈다. 이렇게 해서 온종일 초승달깡충거미를 잡는 일에만 매달리는 하루하루가 시작되었다.

나는 주변에서 초승달깡충거미를 쉽게 찾을 수 있을 거라고 생각했는데, 막상 찾으니 좀처럼 보이지 않았다. 창고나 학교, 특히 오래된 학교 건물에서 종종 보이기는 했으나 무더운 여름

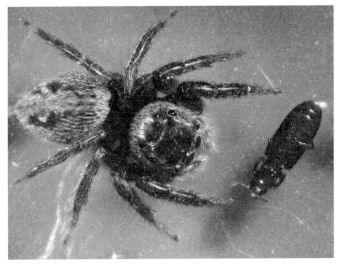

초승달깡충거미가 거짓쌀도둑거저리를 잡아먹는 모습.

날 하루 종일 돌아다녀도 겨우 한 마리밖에 찾지 못하는 날도 많았다. 그래도 연구팀원의 지인 한 명이 도와준 덕에 간신히 50마리 정도를 구했다.

초승달깡충거미는 움직이는 것에 반응한다. 먼저 거미를 샬레(유리로 만든 납작한 원통형 용기)에 넣은 후 그곳에 초파리를 집어넣는다. 그러면 거미는 이리저리 움직이는 초파리에게 단숨에 달려들어 앞발과 큰 턱으로 포획물을 끼우고는 체액을 빨아먹는다. 거미는 거침없이 초파리에게 달라붙어 한 번도 포획물을 놓지 않았다. '역시 깡충거미다!'라고 생각될 만큼 포획은 순식간에 일어났다.

그런데 거짓쌀도둑거저리(갑충)를 샬레에 넣으면 초승달깡충거미는 달려들어 큰 턱으로 물었다가 일단 포획물을 놓는다. 거짓쌀도둑거저리는 초파리에 비해 매우 단단한 껍질로 덮여 있어, '어, 딱딱한데!'라고 느낀 초승달깡충거미는 거짓쌀도둑거저리를 일단 놓아주는 것 같다.

중요한 것은 이 일격의 자극을 받은 거짓쌀도둑거저리가 전혀 움직이지 않고 죽은 척을 한다는 점이다.

오랜 시간 동안 죽은 척을 하도록 육종된 '롱 계통'의 거짓쌀도둑거저리는 거미에게 물리면 순간적으로 움직임을 멈춰버린다. 시력이 발달한 거미는 거짓쌀도둑거저리를 놓아준 후 그것의 움직임을 잠시 관찰한다. 먹잇감인 거짓쌀도둑거저리는 죽은 척하며 꼼짝도 하지 않는다. 잠시 지켜보던 거미는 흥미를 잃고 더 이상 먹잇감을 건드리지 않았다.

실험한 14마리의 '롱 계통' 중에서 죽은 척한 거짓쌀도둑거저리 13마리가 살아남았다. 생존율이 무려 93%다.

이에 반해 자극을 받아도 죽은 척을 하지 않게 육종된 '숏 계통'의 거짓쌀도둑거저리는 어땠을까? 거미는 거짓쌀도둑거저리를 한 번 물었다가 일단 놓아주지만, 죽은 척을 하지 않고 눈앞에서 계속 움직이는 거짓쌀도둑거저리를 보면 초승달깡충거미는 먹잇감으로 인식해 다시 한 번 덮쳐 잡아먹어버렸다. 그 결과 14마리의 '숏 계통' 중에서는 5마리만이 살아남았다. 생존율이 36%밖에 되지 않았다.

살아남은 '롱 계통'과 '숏 계통'의 비율은 93%와 36%로 그 차이가 확연히 드러났다. 이것으로 드디어 증명이 되었다. 거짓쌀도둑거저리의 죽은 척하기는 먹잇감으로의 흥미를 잃게 만드는 데 효과적이었다.

'죽은 척하기'라는 행동이 먹히는 자에게는 적응이며 진화하는 형질이라는 것을, 신뢰할 만한 표본 수의 실험을 통해 세계에서 처음으로 밝혀낸 순간이었다. 우리는 이러한 연구 결과를 다윈도 예전에 자주 논문을 발표했던 영국의 한 과학잡지에 투고했다. 그리고 "대단한 실험 결과"라는 잡지 편집장의 평과 함께 거의 원문 그대로 2004년 10월에 실렸다.

이것으로 죽은 척하기 연구는 끝이 났다. 하지만 그 후 생각지도 못했던 일이 기다리고 있었다.

《네이처》지에서 벌어진 논쟁

2006년 4월 13일, 우리가 쓴 '죽은 척하기'를 주제로 한 한 편의 논문이 《네이처》지에 소개된 것을 보고 나는 충격을 받앉다. 소개한 사람은 2004년에 《공격회피》라는 제목으로 '먹는 자'와 '먹히는 자'에 대한 교재를 쓴 그레이엄 럭스턴(Graham Luxton, 발표 당시는 글래스고대학에 재직) 교수였다.

럭스턴 교수의 논문은 주로 2006년에 발표된 교토대학 혼마 아츠시(本間 淳) 교수 연구팀의 <메뚜기의 죽은 척하기 연구>에 대한 소개였다.

혼마 교수는 등 양옆으로 돌출된 날카로운 가시를 가진 가시모메뚜기(Criotettix japonicus)가 어떤 자극을 받으면 뒷다리를 몸에 수직으로 세운 채 움직이지 않는 자세를 취한다는 데에 흥미를 느꼈다.

그때까지 과학자들은 '뒷다리를 세운 채 움직이지 않는' 이 메뚜기의 행동도 '죽은 척하기'의 일종으로 생각했다.

혼마 교수 연구팀은 메추라기, 사마귀, 늑대거미(Wolf spider) 그리고 참개구리 등, 메뚜기를 먹을 것으로 생각하는 여러 포식자를 준비하고 가시모메뚜기를 던져주었다. 그러자 어느 포식자나 가시모메뚜기에게 달려들어 공격했다. 그런데 가시모메뚜기는 개구리에게 잡아먹힐 때만 뒷다리를 수직으로 든 채 움직이지 않은 동작을 취했다.

가시모메뚜기를 손아귀에 넣은 개구리는 어찌된 일인지 가시모메뚜기를 통째로 삼키다가 80% 정도에서 다시 토해냈다. 수직으로 세운 뒷다리 끝이 뾰족하고 등 양옆으로 돌출된 가시를 가진 메뚜기가 마치 마름 열매처럼(그래서 마름메뚜기라고도 한다) 종횡으로 가시가 있는 물체로 변하는 바람에 개구리가 삼킬 수 없었던 것이다.

이렇게 해서 개구리가 토해낸 가시모메뚜기는 부리나케 도 망쳐버린다. 그러니까 가시모메뚜기가 움직이지 않는 것은 죽은 척한 것이 아니라 개구리에게 먹히지 않기 위한 방어 자세였던 것이다.

럭스턴 교수는 〈메뚜기는 죽은 척하지 않는다〉라는 제목의 《네이처》지 리포트에서 우리가 '죽은 척하기'의 효과를 검증한 연구도 인용했다. "거짓쌀도둑거저리의 '죽은 척하기'는 천적인 거미에게 자신이 확실하게 '죽었다'는 메시지를 전달하고 있는지도 모른다. 그러나 사실 이 거짓쌀도둑거저리는 맛이 없는 곤충이다. 거짓쌀도둑거저리가 움직이지 않고 '죽은 척한' 자세를 취한 것은 자신이 맛이 없다는 화학적 메시지를 거미에게 보내는 것은 아닐까? 말하자면, 거미가 거짓쌀도둑거저리를 잡아먹지 않는 것은 '죽은 척하기'의 효과가 아니지 않을까? 그렇다면 오랜 시간 죽은 척을 하는 롱 계통의 거짓쌀도둑거저리는 죽은 척을 하지 않는 숏 계통보다 고약한 냄새를 내뿜는지도 모른다"고까지 언급되어 있었다.

나는 이것이 연구자로서 할 수 있는 당연한 문제 제기이자 한편으로는 우리 연구에 대한 도전장이기도 하다고 받아들였다. 세계의 과학자들이 보고 있는 《네이처》지를 통해 싸움을 걸어온 것이나 마찬가지였기 때문이다. 도전을 받았으면 응수를 하는 것이 과학자의 방식이다. 확실히 이 거짓쌀도둑거저리는 세게 잡으면 고약한 악취를 내뿜는다. 거미가 처음에 거짓쌀도둑거저리를 공격했을 때 악취를 내뿜었는지도 모른다.

　나름대로는 이미 해명이 끝났다고 생각했던 문제가 다시 새로운 도전 과제로 바뀌는 순간이었다.

죽은 체 때문일까, 냄새 때문일까

　거짓쌀도둑거저리에게 강하게 자극을 주었을 때 내뿜는 악취의 정체는 독성이 강한 메틸벤조퀴논이라는 물질이다. 깡충거미의 공격을 받았을 때 거짓쌀도둑거저리가 이 냄새를 내뿜어서 거미가 물었던 먹잇감을 일단 놓는 것일까? 우리는 다양한 방식으로 메틸벤조퀴논의 양을 측정해보기로 했다.

　우리는 화학자의 협조를 얻어, '죽은 척'을 하는 롱 계통과 '죽은 척을 하지 않는' 숏 계통의 개체가 체내에 지니고 있는 벤조퀴논의 양을 비교했지만 차이가 없었다. 그러나 중요한 것은 깡충거미에게 공격당했을 때 내뿜는 벤조퀴논의 양일 것이다. 숱한 시행착오 끝에 우리는 거짓쌀도둑거저리 한 마리와 깡충거미를 투명한 유리병에 넣고 깡충거미가 공격하는 순간의 유리병 속 공기 농도를 측정했다.

유리병 속에서 깡충거미가 거짓쌀도둑거저리를 공격했을 때 죽은 척을 할 때와 하지 않을 때로 나눠 공기 속에 방출된 냄새를 측정했지만 어느 집단에서도 벤조퀴논을 검출할 수 없었다. 반면에 거짓쌀도둑거저리가 깡충거미에게 물려 죽을 때 유리병 속 벤조퀴논의 농도는 높아졌다.

거짓쌀도둑거저리는 죽은 척할 때 벤조퀴논을 내뿜는 것이 아니라 깡충거미에게 물려 죽을 때만 벤조퀴논을 내뿜었던 것이다. 이로써 럭스턴 교수가 던졌던 "죽은 척하는 행동은 화학적인 메시지를 보내는 것이 아닐까?"라는 문제 제기는 말끔하게 해결되었다.

깡충거미는 눈이 전면을 향해 달려있어 꽤나 눈이 좋은 편이다. 그들은 물체를 입체적으로 분간할 수 있다. 그 때문에 움직이지 않는 먹잇감을 잠시 살펴보고는 '먹이가 아니다'라고 인식해 먹기를 포기하는지도 모른다.

2004년에 발표한 우리의 실험에서는 15분 동안의 생존율만으로 "'죽은 척하기'는 깡충거미에 대해 효과가 있다"는 결론을 내렸다. 그러나 이것은 정말로 옳은 결론일까? 나는 2004년에 발표한 실험결과를 100% 확신할 자신이 없었다. 그래서 깡충거미의 포식 행동을 더 관찰하기로 했다.

이웃을 희생시켜 살아남는 전술

깡충거미가 거짓쌀도둑거저리를 잡아먹는 행위를 여러 번 관찰하면서 알게 된 사실이 있다. 거미는 일단 놓아준 먹이를 살펴보는 중에도 가까이에서 움직이는 것이 있으면 즉시 거기에 주의를 기울인다는 것이다. 예를 들면, 거미는 관찰하는 연구자가 기록을 하기 위해 움직이는 손의 그림자나 옆의 유리병에 넣어둔 다른 벌레의 움직임 등에도 반응하는 모습을 보였다.

시험 삼아 깡충거미를 컴퓨터 앞에 놓아두었더니 깡충거미는 화면 속 커서의 움직임에도 순간적으로 반응했고, 레이저 포인터의 빛에도 반응해 방향을 바꾸었다. 그것들을 먹잇감으로 오인한 듯하다.

2004년에 발표한 논문에서는 샬레 속에 거짓쌀도둑거저리를 1마리씩만 넣어서 관찰했다. '그런데 여러 마리의 거짓쌀도둑거저리를 넣고 관찰하면 깡충거미의 주의력은 죽은 척하고 있는 개체가 아니라 움직이는 개체에게 향하는 모습을 확인할수 있지 않을까. 정말로 그럴까?'

이렇게 생각한 우리는 즉시 새로운 실험에 착수했다. 먼저죽은 척하는 롱 계통만을 샬레에 넣어 관찰했다. 다음으로는 죽은 척하지 않는 숏 계통의 거짓쌀도둑거저리를 롱 계통과 함께한 마리씩 같은 샬레에 넣어보았다. 결과는 분명하게 드러났다.

롱 계통만을 샬레에 넣었을 때는 40% 정도가 죽음을 모면했을 뿐이다. 그런데 숏 계통과 쌍으로 넣었을 때는 롱 계통의 95% 이상이 죽음을 모면했다.

죽은 척하지 않고 허둥거리며 움직이는 개체와 함께 있을 때 죽은 척하는 개체는 월등한 생존율을 보여줬던 것이다.

종류가 다른 곤충을 함께 넣었을 때도 결과는 마찬가지였다. 밀가루 속에서 거짓쌀도둑거저리와 함께 자주 발견되는 다른 종류의 갑충을 죽은 척하는 거짓쌀도둑거저리와 함께 살게 해보았다. 그 결과 다른 종류의 갑충 중 70%가 거미에게 잡아먹혔다. 하지만 죽은 척을 하지 않는 거짓쌀도둑거저리와 함께 살게 하면 그와 반대로 80%가 살아남았다.

밀가루나 쌀 등을 보관해놓은 곳에 거짓쌀도둑거저리 1마리만 살고 있을 리는 없다. 대개 거짓쌀도둑거저리는 집단으로 밀가루나 쌀 속에서 산다. 그리고 밀가루 등을 먹는 다른 갑충이나 나방 유충 등, 다른 종류의 벌레가 혼재한 상태로 살아간다.

요컨대 죽은 척하는 개체는 자신이 움직이지 않음으로써 포식자가 근처에서 돌아다니는 다른 먹잇감에게 시선을 돌리게 만든다. 그렇게 함으로써 자신이 살아남을 확률을 높인다는 이론이 성립된다. 바꿔 말하자면, 죽은 척하는 개체는 가까이에 있는 다른 개체를 희생시키고 자신은 살아남는다.

가위바위보를 늦게 내는 것은 자연계의 상식

벤처기업이 남보다 앞서 시장을 개척해놓으면 대기업이 보다 세련된
비즈니스 모델로 많은 자금을 투입해 시장을 확대하는 식이다.

적의 주의를 남에게 돌리고 자신은 살아남는 일은 우리 인
간사회에서도 흔히 볼 수 있다.

하기는 싫지만 누군가는 꼭 해야만 하는 일이 회의 의제로
등장하는 경우가 있다. 이럴 때는 많은 사람이 '되도록이면 상
사와 눈을 마주치지 않으려 할 것'이다. 섣불리 의견을 말했다
가 "그러면 당신이 해보는 것이 어떨까?"라며 지명이라도 당하
면 피할 방법이 없기 때문이다. 그럴 때는 죽은 척하고 다른 누
군가가 먼저 움직이기를 기다리는 것도 좋은 전략이다. 인간 역
시도 본능적으로 올바른 생물학적 생존전략을 선택하는 것이
라고 할 수 있다.

문제를 뒤로 미루는 일은 직장인으로 살아가는 동안 끝없이 등장한다. 상사는 시도 때도 없이 "아이디어를 내라"며 팀원들을 닦달한다. 그러나 좋은 아이디어가 그리 간단히 나오는 것은 아니다. "바로 이거야!"라고 할 만한 아이디어라도 떠오르지 않은 한, '뒤로 미루기' 일쑤다. 별 생각하지 않고 생각나는 대로 어설프게 꺼냈다가는 상사에게 핀잔 받기 십상이다. 그럴 바에는 차라리 미루는 편이 훨씬 낫다.

아무도 나서는 사람이 없다면 '죽은 척하기'도 효과가 없다. 적극적으로 아이디어를 내려는 사람들이 있을 때에 '제안하지 않고 잠자코 있는 사람'이 살아남을 수 있다. 활발하게 문제에 대처하려는 사람이 있어줘야 비로소 뒤로 미루는 전술인 '죽은 척'이 보람 있는 것이다.

'AFTER YOU(먼저 하세요!) 전략'이라는 이름을 붙이고 싶은 이 방법은, 선행자 이익이라는 것은 실제로는 그렇게 근거가 확실치도 않으며, 두 번째나 세 번째가 최종적으로 성공하는 경우가 많다는 사실과도 통하는 점이 있다. 예컨대, 벤처기업이 남보다 앞서 시장을 개척해놓으면 대기업이 보다 세련된 비즈니스 모델로 많은 자금을 투입해 시장을 확대하는 식이다.

도덕이나 윤리 따위는 돌아보지 않는 비즈니스 세계에서 '나중에 낸 가위바위보가 유리'하다는 것을 진화생물학은 증명해준다.

가위바위보는
늦게 내는 것이 현명하다.

사실 생물의 세계에서는 가위바위보를 늦게 내는 것이 '상식'이다. 두 마리 이상의 수컷과 교미하는 잠자리 암컷의 경우를 보면, 나중에 교미를 하는 수컷은 먼저 교미한 수컷이 암컷에게 주입한 정자를 자신의 성기 끝에 달린 갈고리처럼 생긴 가시로 모두 긁어내버린다. 그리고 나서 자신의 정자를 주입한다. 결과적으로 부화한 새끼들은 모두 나중에 교미한 수컷의 새끼가 된다.

　　무리를 지어 행진하는 소떼가 새로이 풀을 뜯을 장소를 찾기 위해 강을 건너야만 하는 상황에서 과연 어떤 일이 벌어질까? 그 강에 악어가 살고 있다면 어떤 소도 선두에 서서 강으로 뛰어들려고 하지 않을 것이다. 이럴 때 나이 많은 소가 어린 소를 뒤에서 밀어 강으로 뛰어들게 한다. 그야말로 비정함의 극치를 보여주는 장면이다.

　　다시 '죽은 척하기' 연구로 돌아가 보자.

　　우리는 럭스턴 교수의 지적이 적어도 깡충거미와 거짓쌀도둑거저리의 관계에는 해당되지 않는다는 것, 그리고 '죽은 척하기'는 그 개체의 주변을 얼쩡거리는 이웃들을 희생시키는 전략이라는 주장을 논문으로 정리했다. 2009년 4월 29일에 발표한 그 다음 날, "'왜 '죽은 척하기'가 무리나 사회 속의 동물들에게 유효한 전술로 진화했는가'를 보여주는 유용한 보고서"라는 설명이 붙어 《사이언스》지 온라인판에 게재되었다. 그리고 세계 각국 미디어의 주목을 받았다.

대기업에 일하지 않는
사원이 많은 이유

모든 직원이 동시에 있는 힘을 다해 달릴 필요는 없다.

만약 자연계의 모든 개체가 '죽은 척하기'를 한다면 어떻게 될까. 그렇다면 '죽은 척하기'는 더 이상 기대하는 효과를 보지 못할 것이다.

이것이 자연계에 사는 벌레들에게 해당되는지를 증명하기 위해 우리는 다양한 장소에서 여러 종류의 곤충을 채집했다. 그러고 나서 집단 속에 죽은 척하는 유형이 어느 정도의 빈도로 서식하는지를 철저하게 조사했다.

그 결과, 어느 집단에서나 대부분의 개체는 죽은 척을 하지 않거나, 죽은 척을 한다 해도 몇 초 안에 다시 움직인다는 것을 관찰했다. 그러나 그중에는 몇 분 이상이나 죽은 척하는 개체가 몇 퍼센트 정도는 된다는 것도 알아냈다. 거짓쌀도둑거저리의 경우 천적이 많은 곳에 사는 집단에서는 죽은 척하는 개체의 비율이 높다는 것도 알아냈다.

죽은 척하는 개체는 잘 움직이는 개체가 많은 집단 속에 몰래 숨어들어가 자신만 살아남는다고 하는, 참으로 '이기적인 생존술'을 몸에 익힌 녀석이라는 것이 실증되었다. 이것이 바로 '뒤로 미루기'라는 생존전략을 진화시키는 토양이었던 것이다.

회사에 비유하자면, 자신의 주위에 "네, 제가 하겠습니다"라며 적극적으로 나서는 다수의 사원이 있기 때문에 '뒤로 미루기' 전략이 유효하다. 또한 '뒤로 미루기' 전략이 유효하다는 것은 인적·물적 자원이 풍부한 거대한 조직이라는 뜻이다. 대기업은 바로 '죽은 척하기' 전략이 작동할 가능성이 높은 곳이라고 말할 수 있다.

"직원들이 자발적으로 움직이지 않는다", "위험부담을 피하려고만 한다"고 탄식하는 관리자들을 많이 본다. 그것은 회사의 조직문화가 그렇게 하는 편이 살아남을 가능성이 최대가 되는 것을 보여주는 현상일 수도 있다. 그런 사실을 CEO는 제대로 알아야 한다. 그렇게 행동하는 직원에게 문제가 있는 것이 아니라, 직원들은 옳고 최적의 생존전략을 펼치고 있는 것일 뿐이라는 것을 말이다.

오히려 관리자가 이런 상태에 대해 한탄하는 것을 당연시하는 것이야말로 회사의 진짜 위기이다. 그렇게 되면 전략적으로 '뒤로 미루기'를 하는 직원은 그 조직 내에서 적응하는 것을 포기하고 밖으로 겉돌게 된다. 그런 집단은 이내 포식자에게 모조리 잡아먹혀 절멸할 것이다. 생존을 위해 필요한 다양성을 잃고 라이벌과의 경쟁에 밀려 망하게 된다.

그러므로 관리자는 전략적으로 '뒤로 미루기'를 하는 직원과 아무런 생각 없이 빈둥대는 직원을 구별할 줄 알아야 한다. 모든 직원이 동시에 있는 힘을 다해 달릴 필요는 없다. 직원들이 타성에 젖었을 때나 혹은 외부 환경이 바뀌었을 때 살아남기 위해서 대처할 수 있는 직원도 필요하다.

개개의(사원의) 능력에 변이가 없어지면, 조직은 상황 변화에 따라가지 못하게 된다. 그 생물(조직) 집단은 절멸한다. 이것은 36억년 동안 영고성쇠(榮枯盛衰)를 되풀이해온 생물계의 상식이다.

파킨슨병에 걸린 벌레들?

우리의 기분은 뇌 속에 분비되는 생체 아민의 양에 따라 현저하게 달라진다. 벌레도 그런 물질에 일시적으로 뇌가 지배당한다.

다시 거짓쌀도둑거저리 이야기로 돌아가 보자.

우리는 '죽은 척'하는 거짓쌀도둑거저리의 유충도 자극을 받으면 그대로 멈춘 채 꼼짝하지 않는다는 사실을 우연히 발견했다.

거짓쌀도둑거저리는 유충에서 번데기를 거쳐 성충이 된다. 번데기 단계에서는 유충 시기에 필요했던 몸의 조직을 전부 액상화한 다음, 번데기 기간 후반기에 날개, 다리, 더듬이 등 성충이 된 후에 필요한 기관들을 다시 구축한다. 이것이 '변태'라고 하는 현상이다.

변태를 거쳐도 변하지 않는 체내의 어떤 물질이 거짓쌀도둑거저리가 '죽은 척'하게 만드는 셈이다. 그렇다면 움직인다거나 움직이지 않는다거나 하는 곤충의 활동에 영향을 미치는 물질은 무엇일까? 그것은 바로 '생체 아민(biogenic amines)'이라는 신경전달물질이다.

아드레날린이나 도파민 같은 호르몬을 들어본 적이 있을 것이다. 이런 물질이 바로 생체 아민이다. 곤충이든 사람이든 똑같은 생체 아민을 지니고 있다. 사람의 움직임을 활발하게 해주는 도파민은 곤충의 활동성도 높여준다. 사람을 진정시키는 작용을 하는 것으로 알려진 세로토닌은 곤충도 온순하게 만들어주는 작용을 한다. 분노가 치밀어 오르면 사람의 머리에는 아드레날린이 분비된다. 곤충의 경우에는 아드레날린과 화학구조가 매우 비슷한 옥토파민이라는 물질이 움직임을 활발하게 만든다(덧붙이자면, 옥토파민은 문어에서 최초로 발견되었다).

우리 연구팀은 다양한 종류의 생체 아민을 끝이 뾰족한 유리침을 사용해 거짓쌀도둑거저리의 체내에 주입해보았다. 그 결과, 활동성을 높여주는 도파민을 주사한 롱 계통의 거짓쌀도둑거저리는 죽은 척을 오래 지속하지 못한다는 사실을 알게 되었다.

그래서 곤충생리학자인 가나자와공업대학(金沢工業大学) 사사키 켄(佐々木 謙) 교수에게 '롱 계통'과 '숏 계통' 거짓쌀도둑거저리의 뇌를 해부해 그 안에 있는 생체 아민의 양을 측정해 달라고 부탁했다(몸길이가 3밀리미터에 불과한 거짓쌀도둑거저리 속에서 뇌만을 적출해 그 안에 있는 물질의 양을 측정한 것이니만큼, 일본에 사사키 교수 같은 연구자가 있다는 것이 자랑스럽게 느껴졌다).

사사키 교수의 실험 결과, '숏 계통' 거짓쌀도둑거저리의 뇌에는 '롱 계통'에 비해 대단히 많은 양의 도파민이 발현되고 있다는 것을 알게 되었다.

도파민은 파킨슨병에 걸린 환자에게 투여되는 약이다. 파킨슨병에 걸린 사람들은 뇌 안에서 도파민이 제대로 작용하지 않는다. 그렇기 때문에 움직임이 느려지기도 하고 어색하게 종종걸음을 치거나 가면을 쓴 것 같은 표정을 짓는 등의 증상이 나타난다. 그러나 환자에게 도파민의 전구물질(前驅物質, 어떤 화합물을 합성하는 데 필요한 재료가 되는 물질)인 L-도파나 도파민 자체를 투여하면 일정한 기간 동안 움직임이 되돌아오게 된다고 한다.

요컨대 육종한 '롱 계통'의 거짓쌀도둑거저리 집단은, 파킨슨병의 성질을 보다 강하게 지닌 개체를 선택해 지속적으로 번식시킨 결과, 움직임이 완만해지게 된 것이다. 그러므로 이 거짓쌀도둑거저리가 오랫동안 죽은 척을 하는 것은 뇌 속의 도파민이 제대로 작용하지 않는다는 것을 의미한다.

사람도 마찬가지다. 우리의 기분은 뇌 속에 분비되는 생체 아민의 양에 따라 현저하게 달라진다. 뇌 속 생체 아민 양의 증감은 사람이 화를 내거나 침울해지는 등의 기분을 조절하기 위해 획득한 교묘한 메커니즘의 일부분이다. 그런 물질에 일시적으로 뇌가 지배당하는 것은 벌레도 마찬가지다. 기분을 바꾸는 일은 살아가는 데 아주 중요하기 때문에 생긴 메커니즘이다.

우리는 실험을 계속 이어갔다. 다음에 사용할 것은 카페인이다.

죽은 척하는 유형은
짝짓기에 서투르다

뭔가를 성취하려면 다른 무엇인가를 희생하지
않으면 안 되는 법이다.

벌레도 카페인을 먹으면 눈이 말똥말똥해진다

커피에 들어 있는 카페인은 뇌를 자극해 흥분시키거나 각성시키는 작용이 있다. 우리는 거짓쌀도둑거저리에게 카페인을 먹여 보았다. 그러자 카페인을 혼합한 설탕물을 먹인 롱 계통의 거짓쌀도둑거저리는 죽은 척을 하지 못했다.

카페인은 도파민을 활성화시키는 작용을 한다. 도파민은 죽은 척의 지속 시간을 좌우하는 결정적인 역할을 한다. 벌레도 우리와 마찬가지로 커피를 마시면 눈이 말똥말똥해진다.

다음으로 우리는 롱 계통과 숏 계통의 비용편익(어떤 제안을 실현하는 데 필요한 비용과 그로 인하여 얻을 수 있는 편익-역자)을 조사했다. 죽은 척하는 롱 계통과 죽은 척하지 않는 숏 계통의 성장과 번식을 비교해봤더니 롱 계통이 빨리 성충으로 되었으며, 게다가 더 오래 살았다.

평소에 별로 활동적이지 않은 롱 계통은 숏 계통에 비해 에너지를 온전히 보존할 수 있으며, 그 때문에 더 빨리 성충이 되고 더 오래 살 수 있는 것으로 분석했다. 이렇게 보면 롱 계통은 생활과 생존에 유리한 점만 있는 것처럼 보인다. 과연 그럴까?

초식남은 번식에 약할 수밖에 없다

하지만 세상에는 모든 것이 좋은 경우는 없는 듯하다. 죽은 척하는 유형, 즉 롱 계통은 그 대신에 '어떤 중대한 비용'을 부담해야 한다. 인생도 마찬가지다. 뭔가를 성취하려면 다른 무엇인가를 희생하지 않으면 안 되는 법이다.

여기서 말하는 부담해야만 하는 '중대한 비용'이란 바로 '이성과의 만남'이다.

죽은 척하는 유형은 대수롭지 않은 자극에도 얼어붙어버리기 때문에 결과적으로 이성과의 만남이 극단적으로 적을 수밖에 없다. 말하자면, 죽은 척을 해 적으로부터 능숙하게 도망치

**'죽은 척하는 유형'은
짝짓기가 서투르다.**

는 유형은 '짝짓기' 활동이 서툴렀던 것이다.

　반면에 죽은 척을 하지 않는 숏 계통은 비록 수명은 짧았지만 어떤 자극에도 반응하지 않고 제멋대로 돌아다닌다. 그렇게 활발하게 돌아다니는 수컷은 이성과의 만남도 필연적으로 많아진다. 암컷과 마주치면 수컷은 당연히 구애활동을 하기 때문에 숏 계통은 보다 많은 번식 기회를 얻게 된다. 실제로 숏 계통의 수컷이 보다 많은 자식을 남기고 빨리 죽는다. 말 그대로 '굵고 짧게' 살다가는 것이다.

진화생물학은 적극적으로 구애작전을 펴는 수컷이 암컷에게 인기가 많다는 것도 가르쳐준다. 인간세상에서는 미남인가 아닌가, 돈이 많은가 적은가로 인기의 원인을 찾는 사람이 많다. 그러나 미남도 아니고 돈이 없어도 인기가 많은 사람은 분명히 있다. 그러니 그런 핑계를 대지 말고 진화생물학적으로 올바르다고 증명된 행동을 해보면 어떨까?

이렇게 보면 '초식남'(草食男, 남성다움을 강하게 드러내지 않으면서 자신의 취미 활동에 적극적이나 이성과의 연애에는 소극적인 남성)이라고 불리는 남자가 자손의 번식이라는 측면에서 진화적으로 약하고 별 볼 일 없는 이유도 쉽게 이해할 수 있다. 벌레 역시 부지런한 수컷 쪽이 결국은 많은 자식을 남기는(인기 있는) 법이다.

이렇게 해서 '죽은 척하기'의 진화연구로부터 적에 대한 대비와 이성에 대한 접근이 이율배반의 관계에 있다는 것을 알았다. 생물은 언제나 어떤 전략에 무게를 둘 것인지 선택해야만 한다.

결정을 미루는 지혜

전진이 언제나 옳다고는 할 수 없다. 상황이 바뀌든 바뀌지 않든,
그때그때의 환경에 맞춘 '변화'와 '선택'이 요구된다.

이번 테마에서는 생물이 가르쳐주는 생존전략 중 '뒤로 미
루기'를 살펴보고 있다.

얼핏 보기엔 '아무 생각이 없는 것 아닐까?'라고 생각되던
부하 직원의 '뒤로 미루기'는 사고 정지가 아니라 '결정을 뒤로
미루는 지혜'일 수도 있다는 것을 알게 되었다. 기회가 무르익
을 때까지 결정을 뒤로 미루는 것은 생물의 기본적인 전략이다.

기업도 마찬가지다. 시류에 따라 이리저리 휩쓸리기보다는
우직하게 한 우물을 파는 기업이 긴 안목으로 보면 살아남을
가능성이 많다.

1907년에 니시오 쇼자에몬(西尾正左衛門)이라는 소년이 야자

섬유를 철사로 둘둘 말아 수세미로 판매했는데, 그것이 대 히트 상품이 되었다. 그게 바로 유명한 가메노코다와시(거북이 모양의 수세미)이다. 100여 년이 지난 오늘날까지도 판매되고 있는 그 수세미의 특허를 쇼자에몬이 취득한 것은 1915년의 일이다.

이후, 일본은 전자제품의 기술 개량에서 세계 최고가 되었으며, 세척 기구도 점차로 소비자의 눈높이에 맞추어 기능을 향상시켜왔다.

그러나 수세미의 소재는 개발 당시의 야자섬유에서 전쟁의 영향 때문에 종려나무로 바뀌었지만 모양이나 기능은 21세기인 지금도 변함이 없다. 환경의 변화에 따라 기술의 발전이 급격하게 이루어지는 전자제품과는 달리 수세미는 대야나 발판, 변기 등이 근본적으로 변하지 않는 한 살아남을 것이다. 이 상품은 까다로운 소비자의 선택 압력을 받으면서도 변하지 않았다. 바꾸지 않아도 좋은 것은 바꾸지 않아도 된다는 것을, 이 희귀한 성공 사례는 가르쳐주고 있다.

상황은 때와 함께 변한다. '지금 하지 않으면 의미가 없다'고 생각되던 일도, 나중에 보면 결국 '하지 않아도 되는 경우'가 자주 있다. 사정은 언제나 도중에 바뀐다. 무엇이든 지금 즉시 하려고만 하지 말고 문제를 뒤로 미루어 두는 것이 때로 중요하다.

서양에서 탄생한 '에볼루션(evolution, 진화)'이라는 말에는 본래 '진화나 진보'의 의미가 없다. 이것은 '바뀌다' 혹은 '변화하다'라는 뜻이다. 바뀌는 일에는 나쁜 방향으로 변하는 퇴화도 포함되지만 좋은 방향으로 변하는 진화도 포함된다. 메이지 시대에 어떤 학자가 일본어로 번역할 때 이 단어를 '변화'가 아니라 '진화'로 번역했기 때문에, 그 후 일본에서는 에볼루션에 대해 잘못된 인식이 정착되어버렸다.

전진이 언제나 옳다고는 할 수 없다. 상황이 바뀌든 바뀌지 않든, 그때그때의 환경에 맞춘 '변화'와 '선택'이 요구된다.

말은 평원에서 보다 빨리 달리기 위해 가운데발가락 이외의 것을 퇴화시키고 한 개의 발가락만 갖게 되었다. 발가락의 퇴화로 빨리 달리게 된 말은 우리에게 경마라는 오락을 제공해주고 있다.

나무 위에서 사는 생활을 그만두고 땅으로 내려온 인간에게는 꼬리가 필요 없게 되었다. 이렇게 해서 나무 위로 도망칠 수 없게 된 인간은 대신에 적에게 대항하기 위한 다양한 기술을 몸에 익혔다.

변화할 때는 퇴화나 축소도 진화생물학적으로 옳은 일인 경우가 많다. 이러한 관점을 갖는 것은 분명 큰 의미가 있다.

의 태
무기가 없으면 잠복하라

<테마 03>에서는 잡아먹히지 않기 위해 많은 생물들이 몸에 익힌 기술인 '의태'에 대해 소개한다. 의태란 동물이 자신의 모양, 색 등을 하늘이나 바다나 땅의 색깔과 비슷하게 변화시켜 몸을 보호하는 방법이다. 이외에도 먹을 수 없는 것으로 둔갑하거나 맛없는 먹이인 것처럼 모습을 바꾸기도 하는데, 생물들은 이처럼 필사적으로 살아간다.

무기가 없으면
잠복하라

자신만의 메시지를 보내려면 반드시 비용이 따른다. 쓸데없이 비용을
지불하고 싶지 않다면 남의 눈에 띄지 않게 살아가는 것도 방법이다.

36억년 동안 살아남아온 생물의 역사는 잡아먹히지 않기 위
해 누군가와 싸워온 전쟁의 역사이기도 하다. 그런 가운데서 생
물은 다양한 '대 포식자 전략'을 몸에 익혀왔다. 대표적인 것으
로는 '의태(擬態)'가 있다.

의태에는 '자신을 감추는 의태'와 '자신이 맛이 없다는 것을
경고하는 의태'가 있다. 어느 쪽이든 잡아먹히지 않기 위한 생
존전략이다. 36억년간이나 몸에 익혀온 진화의 기술을 우리가
배워서 써먹는 것은 당연하다.

여기에서는 먼저 '은둔'이라는 생존방식을 소개하고자 한
다.

외부 세계로 나가지 않음으로써 살아남는 약자가 있다. 이른바 '잠복'이다. 히키코모리(사회생활에 적응하지 못하고 집안에만 틀어박혀 사는 은둔형 외톨이-역주)나 니트족(일하지 않고 일할 의지도 없는 청년 무직자-역주)은 조금 도가 지나쳤다 해도 **타인과의 갈등을 피하기 위해 자신의 본성을 숨긴 채 살아가는 잠복자는 이 세상의 다수파에 해당한다. 진화생물학적으로 생각하면 이것은 당연하다. 적과 싸울 무기가 없는 생물이 가장 먼저 채택하는 전략이 바로 '잠복'이다.**

이 전략을 몸에 익힌 생물은 독사와 같은 독이 없다. 뿔이나 어금니 같은 무기도 갖고 있지 않다. 반격 수단이 없는 생물은 오직 숨는 것, 즉 잠복하는 것만이 올바른 생존전략이다.

"모난 돌이 정 맞는다"는 속담이 있다. 다르게 말하면 모나지 않은 돌은 정 맞을 일이 없는 셈이다. 사회 속의 모나지 않은 돌, 즉 남의 '눈에 띄지 않기'라는 삶의 방식은 생존전략에 뛰어난 생물에게서 흔히 볼 수 있는 훌륭한 처세술이다.

은둔의 고수로 알려진 나무늘보는 하루 종일 나뭇가지에 매달려서 보낸다. 행동도 무척이나 굼뜬데, 적의 기미를 느끼면 그나마 그 느릿느릿한 움직임조차도 완전히 멈춰버린다. 해변에 가면 쉽게 볼 수 있는 소라게는 죽은 조개껍질 속에 기어들어가 살아간다.

어릴 때부터 '모난 돌이 정 맞는다'는 말을 귀에 못이 박히도록 들으며 살아온 일본인에게 이 은둔기술은 이미 상식이라고 할 수 있다.

아이들 역시도 친구나 주변의 시선을 의식한다. 자신만 두드러지면 친구들이 짓궂게 놀리거나 친구들에게 따돌림을 받을 수 있기 때문이다.

유행하는 패션을 필사적으로 쫓아가는 젊은이들이 취업활동을 할 때만은 '리쿠르트 슈트'로 불리는 정형화된 정장을 입는 것도 마찬가지다. 요즘 시대에는 '개성이 중요하다'고 말하지만, 취직활동이나 면접에서 '있는 그대로의 자기'를 솔직하게 드러내면 너무 튀어 보여 면접관들에게 거부감을 줄 수 있다는 것을 알기 때문이다.

어른들의 사회 역시 그렇다. 비록 본래 자신의 마음을 눌러서라도 타인과 같은 외양이나 행동을 선택하는 편이 훨씬 더 속편하다고 생각하는 분위기가 일본에는 있다. 그것이 스트레스가 되어 마음이 비명을 지르지 않는 한 자신이라는 존재를 최대한 주위에 동화시키며 살아간다.

인간의 환경 적응력은 상당히 뛰어나다. 처음에는 타인과의 동화를 스트레스로 느끼더라도, 대부분의 사람들은 그 세계에 금방 익숙해져버린다.

이처럼 자신의 모습을 배경에 맞춰 살아가는 사람들은 생물계의 다수파에 속한다. 해조류와 꼭 닮은 해마가 있는가 하면 마른 나뭇잎과 비슷하게 생긴 나비도 있다.

주위와 동화해 살아가는 방식은 진화생물학적으로 생각하면 올바른 생존전략이다. 자신만의 메시지를 보내려면 반드시 비용이 따른다. 쓸데없이 비용을 지불하고 싶지 않다면 남의 눈에 띄지 않게 살아가야 한다.

은둔자에게는
한계가 있다

그 누구라도 먹어야만 살 수 있고, 배우자를 찾기
위해서는 여기저기 돌아다녀야 한다.

은둔형의 대표격은 구멍 속에 사는 생물들이다. 포식자의
눈에 띄지 않기 위해서는 소굴에 틀어박혀 나오지 않는 것이
가장 안전한 생존방식이기 때문이다. 먹이를 먹어야 할 때를 제
외하고는 늘 은밀한 소굴에서 잠복생활을 하는 굴토끼(European
Rabbit)가 있다.

바다 밑바닥에도 생물이 파놓은 많은 구멍이 있다. 그 구멍
은 한 종류의 생물이 아니라 여러 종류의 생물들이 공동으로
이용하는 은거지로 사용되는 경우도 많다. 낚시의 미끼로 자주
사용되는 개불이 파놓은 구멍에는 게나 쌍각류 조개, 문절망둑
등도 함께 살고 있다.

얼핏 보기엔 공동생활처럼 보이지만, 그들은 훌륭한 '기생자(寄生者)'다. 게도 조개도 물고기도 모두 이 구멍에서 서식함으로써 효율적으로 자신들의 몸을 숨기고 있다.

튀겨 먹으면 맛있는 뻥설게(쏙)도 땅 속에 파놓은 굴에서 살며, 가까이 다가오는 먹잇감을 노릴 필요가 없을 때는 구멍 속에 가만히 숨어들어 지낸다. 이처럼 생물은 자신의 은신처에서 자신을 주위 색과 동화시키거나 잡아먹히지 않을 생물과 비슷한 모습을 한 채로 적이 지나가기를 조용히 기다리는 경우가 많다.

그 모습은 지명수배령이 내려진 범죄자들의 잠복행동을 방불케 한다. 그들은 음식을 사러갈 때만 잠시, 그것도 용의주도하게 주위를 살피면서 편의점 등으로 외출한다. 그런데 그렇게 주위에 동화되어 존재감을 지운 채 살고 있는 사람은 단지 도주 중인 범인만이 아니다. 일본인 1억 명 중 많은 이들이 남의 눈에 띄지 않도록 주의하면서 살아가고 있다.

그러나 그 누구라도 먹어야만 살 수 있고, 배우자를 찾기 위해서는 여기저기 돌아다녀야 한다. 여기에 은둔자로서의 한계가 있다.

적을 피해 숨는 능력,
보호색

은폐하려면 철저하게 은폐하라.
이것이 물고기들이 우리에게 주는 메시지이다.

먹히는 자의 입장에서 볼 때, 포식자가 갖고 있는 가장 성가신 능력이 바로 '탐색상(探索像, 찾고자 하는 대상의 이미지–역주)'이다.

예를 들면, 포식자(상사)들은 먹잇감(부하)의 모습을 기억해야만 한다. 먹는 쪽은 순간순간 그것이 먹이인지 아닌지를 정확하게 판단할 필요가 있다. 그러나 포식자가 가진 에너지와 시간에는 한계가 있다. 따라서 효율적으로 먹이를 사냥하기 위해 생물의 포식자는 '탐색상'이라는 능력을 몸에 익힌다(탐색상은 1960년대에 나온 개념이다). 우리가 무엇인가를 찾을 때, 한 번 그 모습을 기억하고 나면 다음부터는 재빨리 그것들을 찾아낼 수 있게 된다. 그것은 탐색상을 갖게 되었기 때문이다.

정보에 노출이 되지 않은 어린아이들은 이 탐색상 능력이 뛰어나다. 아이들은 빌딩에 붙어있는 현란한 광고나 북새통 속에서도 마음에 드는 만화 캐릭터를 재빠르게 찾아내는 능력으로 어른들을 놀라게 한다. 그런 능력이 바로 탐색상이다. 복잡한 사회나 복잡한 인간관계 속에 사는 어른들은 아이들처럼 하지 못한다.

그런데 먹히는 먹이 입장에서는 포식자의 이 탐색상을 어떤 식으로 해서 피할지 다양한 궁리를 하며 살아갈 수밖에 없다. 바다 밑바닥의 모래와 색깔이 비슷한 가자미, 움직이지 않으면 수풀과 구별되지 않는 새끼 멧돼지나 새끼 사슴의 얼룩무늬 등 대다수의 먹잇감들은 자신이 사는 곳의 배경에 몸 색깔을 맞춰 자신을 숨긴다. 이렇게 적으로부터 숨는 기술을 '보호색(Crypsis)'이라고 한다.

보호색 기술은 대인관계에서도 사용할 수 있는 효과적인 지혜다. 자신의 의도나 행동이 노출되지 않도록 하는 것은 여러모로 유리하다. 경솔하게 자신의 능력을 알리면 이용당하는 일도 생긴다. 상대의 탐색상을 교란시켜보는 것은 사회에서 무난하게 살아가기 위한 하나의 방법이다.

그런 '보호색' 중 하나가 빛과 그림자를 이용하는 것이다.

건강에 좋은 등푸른 생선에는 정어리와 전갱이, 고등어가 있다. 이들 등푸른 생선은 왜 등 쪽은 푸른색이고 배 부분은 흰

색인지 의문을 가져본 적이 있는가? 수면 위에서 등푸른 생선을 보면 푸른 물 색깔과 겹쳐져 눈에 띄지 않는다. 그래서 포식자인 새나 곰의 눈을 피할 수 있다.

반대로 바다 속에서 물고기를 올려다볼 때는 배 쪽이 흰 생선은 눈에 띄지 않는다. 이것은 다이빙을 해보면 금방 알 수 있다. 해면에서 내려다보면 짙푸른 색이지만 바다 속에서 올려다보면 흰 하늘이 가물거리기 때문에 생선의 흰 배 부분이 눈에 띄지 않는다. 이런 현상을 '카운터 쉐이딩(countershading, 몸체에서 햇빛에 노출된 부분은 어두운 색, 그늘진 부분은 밝은 색이 되는 현상)'이라고 한다.

이와 같이 빛과 그림자를 이용해서 자신의 몸을 적에게 보이지 않게 은폐하는 기법은 많은 생물에서 관찰된다.

또한 자신의 몸을 납작하게 해서 가급적 그림자가 만들어지지 않도록 궁리하는 생물도 많다. 넙치나 양태(良太)처럼 해저에 서식하는 물고기 대다수는 몸 색깔이 해저 모래와 비슷할 뿐만 아니라 매우 납작한 모양을 하고 있다. 이것은 그림자가 만들어지지 않게 하여 적의 눈에 띄지 않기 위해서이다.

마치 레이더에 탐지되지 않는 스텔스 전투기와 같은 원리다. 이러한 생물은 은폐 도중에 눈에 띄는 것이 가장 효율이 나쁜 생존방식이라는 것을 가르쳐준다. 은폐하려면 철저하게 은폐하라는 것이 물고기들의 메시지이다.

위장은 유효하다

비용 대비 효용이 방어 수단을 결정한다.

베트남 전쟁이 한창일 무렵, 오키나와 거리는 녹색 미채(迷彩, dazzle painting, 위장)무늬 군복 차림의 미군 병사들로 넘쳐났다. 내가 중학생 시절 아버지와 함께 여행을 갔을 때 본 오키나와의 모습이다.

그런데 중동에서 걸프전이 발발한 이후, 탱크나 전투기로부터 병사들의 복장에 이르기까지, 미군 전체가 옅은 카키색 미채무늬 군복으로 완전히 바뀌었다. 대학생 시절을 보낸 오키나와는 그런 시대였다.

군인이 미채무늬 군복을 입는 것은 '위장(偽裝, camouflage)'을 위해서다. 이 위장이라는 은폐술은 곤충에서부터 사람에 이르

주위에 동화된 가랑잎나비의 '보호색'.

기까지 적에 대해 매우 유효한 전술이다.

어떤 경우에 위장전술이 진화하는 것일까? 위장에 드는 비용이 적다면 태어날 때부터 은폐술을 갖는 것이 이득이다. 리프피시(Leaf fish)나 가랑잎나비 등, 태생적으로 나뭇잎과 모습이 닮은 생물들도 많다.

반대로 위장하는 데 비용이 많이 든다면, 습격을 당했을 때 그 적에 대처하는 방어수단을 발동하는 쪽이 비용이 적게 먹힌다. 앞에서 언급한 '죽은 척하기'도 그렇지만, 적이 습격해왔을 때 즉각적으로 동원하는 방어수단도 있다. 자신의 몸을 크게 보이도록 부풀리는 고양이도 있고, 스컹크처럼 악취를 내뿜을 수도 있다. 궁지에 몰린 쥐가 고양이를 무는 것처럼 포식자가 생각지 못한 반격을 할 수도 있다.

집안 청소하기를 싫어하지 않는 사람은 자신이 직접 청소를 하면 되지만, 청소를 싫어하거나 청소할 시간이 없는 사람은 청소대행업체에 맡겨 시간을 아끼는 편이 훨씬 정신적으로 부담이 적은 법이다. 위장 이야기를 하다가 너무 멀리까지 와버린 것 같지만, 여하튼 비용 대비 효용이 방어 수단을 결정하는 것은 분명하다.

애매모호하게 흐리는
엣징 효과

엣징 효과는 마치 억지를 쓰는 거래처 사람에게 '네'로도
'아니요'로도 받아들일 수 있는 애매모호한 대답으로 상황을
모면하는 영업사원의 말투와 같다.

비즈니스에서 말끝을 흐려 애매모호하게 표현하는 말만큼 편리한 것은 없다. 무슨 말을 하고 싶은 거냐면, 줄무늬처럼 확실한 색채도 배경에 따라서는 애매모호하게 흐려질 수 있고, 그 애매모호함을 효과적으로 이용하는 동물들이 꽤 있다는 말이다.

얼룩말이나 돌돔처럼 줄무늬가 있는 동물들이 있다. 이런 무늬를 특히 '분단색(分斷色)'이라고 한다. 포식자가 먹잇감을 분간하는 포인트의 하나는 먹잇감이 머무르는 장소에서 그 '먹이 동물의 윤곽을 떠올리는' 것이다.

앞에서 언급했던 '탐색상'도 그렇지만, 판에 박은 듯 똑같고

단조로워 무미건조하게 보이는 배경 속에서도 우리는 살아있는 동물의 윤곽을 식별하는 능력이 있다. 따라서 피식자에게는 몸의 윤곽이 아킬레스건이다. 그렇기 때문에 색채가 배경과 같지 않다하더라도 몸의 윤곽만 감춰 버리면 포식자는 먹이를 찾기가 그리 쉽지 않다.

몸 전체가 갈색 하나로 되어 있지 않고 흰색과 갈색과 검정 줄무늬가 뒤섞인 참새는 마른 덤불 속에 숨어있으면 거의 눈에 띄지 않는다. 나방의 날개도 역시 반복적인 줄무늬 모양을 하고 있다. 이것들은 색채의 '엣징(edging) 효과'를 노린 포식자 회피술이다. 엣지(edge)란 가장자리를 의미하는데, 이처럼 윤곽을 흐려 모호하게 만드는 기술을 엣징이라고 한다.

이 분단색에 과학적인 메스를 가한 사람이 영국 브리스톨대학의 이너스 컷힐(Innes Cuthil) 교수다. 컷힐 교수팀은 나방의 유충에 삼각형으로 자른 종이를 붙인 가짜 나방을 만들었다. 컷힐 교수는 갈색 종이, 검정색 종이, 갈색 한가운데에 검정색 무늬가 있는 종이, 갈색 가장자리를 검정색으로 칠한 종이를 각각 준비했다. 그러고는 이 종이를 삼각형으로 등에 붙인 나방 유충을 숲속의 떡갈나무 줄기에 핀으로 고정시키고 새들의 반응을 관찰했다. 그곳에는 참새 무리가 이 가짜 모형을 붙인 나방을 잡아먹으러 왔다.

대략 하루를 관찰한 결과, 갈색 가장자리를 검정색으로 칠한 나방이 가장 많이 살아남았다. 그 다음으로 많이 살아남은 건 갈색 한가운데에 검정색 무늬가 있는 나방이었다. 검정색 이건 갈색이건 한 가지 색종이를 붙인 나방은 가장 많이 잡아먹혔다.

다음에는 담갈색과 갈색을 대비시킨 것과, 더 강한 대비를 이루는 담갈색과 진갈색 삼각형 종이로 똑같은 실험을 시도했다. 그러자 색채의 대비가 강한 진갈색 삼각형 쪽이 새의 포식을 더 많이 모면했다. 이 엣징 효과는 2005년에 《네이처》지에 발표되었다.

엣징 효과는 마치 억지를 쓰는 거래처 사람에게 'Yes!'라고 말할 수 없는 경우에 단호하게 'No!'라고 하지 않고, '네'로도 '아니요'로도 받아들일 수 있는 애매모호한 대답으로 상황을 모면하는 영업사원의 말투와 같다. "그 건에 대해서는 일단 돌아가서 검토하도록 하겠습니다"라든가, "적극적으로 검토해보겠습니다" 등으로 여지를 두는 말하기 방식은 진화생물학의 눈으로 보면 올바른 전략이다.

무리한 요구를 하는 상대에게 면전에서 "말도 안 되는 소리"라고 말하고 싶은 기분은 이해한다. 그렇다고 "시대착오적인 발상도 정도껏 하셔야죠. 도저히 이해할 수 없습니다"라고 말할 수는 없는 일 아닌가. 이 장면에서 진화생물학적으로 올바른 답은, 잠시 곤란한 표정을 지은 후에 "일단 돌아가서 검토해보겠습니다"라고 대답하는 것이다.

애매모호한 말로라도 일단 곤란한 상황을 벗어나야 한다고 진화생물학은 가르쳐준다.

상사에게 대항하기 위한
가장 전략

때로는 직장 상사에게 잘못된 메시지를
보내보는 것도 효과적일 수 있다.

'그 인간은 건드리면 골치 아프다'라고 생각하게 만드는 것
은 회사의 인간관계에서나 자연계의 생물에게 꽤나 효과적이
다.

자연계에는 먹이가 아닌 것처럼 자신을 바꾸는 기술을 진화
시킨 많은 동물이 있다. 이렇게 피식자가 포식자에게 자신을 먹
잇감으로서의 가치가 없는 것으로 여기게 만드는 것을 '가장(假
裝, masquerade)'이라고 한다.

육식동물이나 새들은 어렸을 때부터 어떤 것이 먹잇감이고
어떤 것은 먹잇감이 아닌지를 수많은 연습을 통해 분간하며 자
란다. 물가에 사는 어린 새는 나뭇가지를 물고기로 가정하고 반

복해서 연습한다. 그러는 사이에 무엇이 나뭇가지이고 무엇이 물고기인지를 분간할 수 있게 되며, 능숙하게 먹이를 사냥할 수 있는 어른 사냥꾼이 된다.

어린 새들은 날기 위한 에너지를 유지하기 위해 수시로 먹이를 먹어야만 한다. 실수로 작은 나뭇가지나 돌멩이를 쪼아 먹기도 하지만 그것은 생존의 문제가 아닌 시간과 노력의 손실에 지나지 않는다. 그런 실수를 하면서 어린 새들은 능숙한 사냥꾼이 되어간다. 이런 새들의 경험을 역으로 이용하는 동물과 곤충이 있다. 포식자가 음식이 아니라고 생각하는 나뭇가지나 돌멩이로 가장해, '잡아먹히지 않기 위한 지혜'를 짜내는 것이다.

그런데 이와 같은 가장이 생물의 생존에 실질적인 효과가 있다는 사실이 최근에 와서야 증명되었다.

그동안 증명하지 못했던 이유는, 그것이 포식자가 먹이임을 전혀 눈치 채지 못하게 하는 '은폐'인지, 아니면 먹을 수 없는 것으로 인식하게 만드는 '가장'인지를 구별하는 연구 아이디어가 없었기 때문이다. 그런데 〈테마2〉에서 다룬 우리의 '죽은 척하기'에 관한 논문에 싸움을 걸어왔던 럭스턴 교수 연구팀이 그것을 구별하는 데 성공했다.

럭스턴 교수는 병아리에게 사전학습을 시키는 기발한 실험을 함으로써 가장이 적의 공격을 회피하는 유효한 수단임을 증명하는 논문을 2010년에 《사이언스》지에 발표했다.

나뭇가지와 흡사한 대벌레의 일종.*(중앙)*

럭스턴 교수 연구팀은 나뭇가지와 비슷하게 생긴 두 종류의 나방 유충을 병아리에게 주는 실험을 했다. 나방 유충을 처음 본 병아리는 조금도 망설이지 않고 그것을 쪼아 먹었다. 그러나 사전에 작은 나뭇가지를 쪼아 먹어본 병아리는 나뭇가지 비슷한 유충을 쪼아 먹기까지 걸린 시간과 다 먹을 때까지 걸린 시간이, 그런 경험이 없는 병아리에 비해 확실히 길었다.

이러한 실험 결과는 병아리가 작은 나뭇가지와 비슷한 나방 유충을 발견하지 못하는 것은 아니라는 것을 보여준다. 그보다는 '먹을 수 없는 것'이라고 알고 있는 나뭇가지를 공격할 것인지 주저한 결과라고 할 수 있다. 다시 말해 포식자의 경험과 인지구조가 먹잇감의 모습을 진화시킨 원인이 되는 것이다.

이와 같은 일이 나방 유충과 어린 새 사이에서 일어난다면, 작은 나뭇가지와 조금이라도 비슷하게 생긴 나방 유충이 새에게 잡아먹힐 확률이 낮다. 이 '작은 차이'를 자연선택의 눈이 놓칠 리가 없다. 오랜 세월에 걸친 자연선택의 결과로 나방 유충은 나뭇가지와 흡사한 형태로 진화했다.

그밖에도 가장으로 여겨지는 많은 먹잇감 동물이 있다. 예를 들면, 마른 잎과 비슷한 담수어인 리프피시, 작은 돌멩이와 비슷한 아프리카 원산의 다육식물 리톱스(Lithops), 나무 그루터기로 의태한 모습을 하는 새 포투, 나뭇가지와 구별하기 어려운 곤충인 대벌레 등 가장 생물이 많다. 이들은 가장의 달인들이다. 이 같은 생물은 낙엽이나 돌멩이를 먹이라고 착각해서 먹어본 적이 있는 포식자를 주저하게 만드는 효과를 갖는다.

직장인이라면 이 가장 전략을 어떻게 활용할 수 있을까?

"정직한 사람은 손해를 본다"는 말이 있다. 평소에 상사의 지시에 무조건 복종하는 것처럼 보이면 상사는 이것저것 닥치는 대로 당신에게 일을 떠넘기려 할 것이다. 그렇게 하는 것은 상사라는 사람들의 습성이기 때문에 어쩔 수 없다. 하지만 당신이 그것을 당연하게 받아들이면 마음대로 다루어도 되는 인간으로 전락해버릴지도 모른다. 이용당할 만큼 이용당하다가 유통기한이 지나면 버리기 때문에 살아남기도 어렵다.

상사도 사람이다. 인간은 뜻밖의 결과에 끌리는 경향이 있다. 평소 일을 잘하는 부하는 어느 사이엔가 잘하는 것이 당연시 되지만, 일을 못한다고 생각하던 부하가 일을 잘 처리하기 시작하면 그에 대한 평가가 급속히 좋아지기 마련이다. 항상 성실하게 일하는 사람에게는 무척이나 화가 치밀 만한 이야기지만 말이다.

그러니까 때로는 직장 상사에게 잘못된 메시지를 보내보는 것도 효과적일 수 있다. 요컨대 '그 인간은 건드리면 골치 아프다'라고 생각하게 만드는 것이다. 물론 최소한 할당된 책임량은 감당하고 있어야 한다. 하지만 너무 열심히 하지 않으면서 자신을 가장한다. 그러면 상사는 의욕이 있는 건지 없는 건지 알 수 없다고 생각할 것이다.

그러다가 결정적인 순간이 오면, 당신이 적극적으로 나서서 성공적으로 업무를 처리한다. 그렇게 하면 당신에 대한 평가는 일거에 상승하고, 살아남을 확률도 소속팀과 더불어 한층 높아질 것이다.

자연계의 생물은 답을 알고 있다

현장에서 무슨 일이 일어나고 있는가? 그것을 바르게 인식하는 것이
바로 실패하지 않기 위한 삶의 지혜다.

흰나방의 흑색화 사건

회색가지나방(Biston betularia, 후추나방)이라는 나방의 흑색화는
자연선택의 실례로, 고등학교 생물교과서에도 빠지지 않고 소
개되는 유명한 이야기다. 이 나방의 연구사에 대해 잠깐 소개하
고자 한다.

산업혁명이 진전된 19세기의 영국에서는 공장과 가정의 굴
뚝마다 시커먼 매연이 자욱하게 피어올랐다. 공장에서 소비하
는 석탄의 양은 극에 달했고, 대부분의 가정에서도 석탄난로를
난방에 이용하고 있었다.

그 무렵의 영국은 가로수나 건물이 굴뚝에서 나오는 매연으로 새까맣게 되었다고 한다. 당시 세상을 풍미했던 《셜록 홈스》 시리즈로 유명한 작가 코난 도일(Arthur Conan Doyle)이나 찰스 디킨스(Charles John Huffam Dickens)의 소설을 읽어보면 어둡고 조금은 음울한 영국의 길거리 분위기가 잘 느껴진다.

거리 전체의 이러한 '흑색화'에 때맞춰, 19세기 영국에서는 본래는 흰 빛깔을 띠고 있던 회색가지나방이란 야행성 나방 중에 검은빛을 띤 유형의 개체가 점점 증가하기 시작했다.

검은빛을 띤 이 나방의 성충은 1848년에 영국의 맨체스터에서 최초로 발견되었다. 산업혁명이 진전된 버밍엄과 리버풀 등, 영국 중부의 많은 도시에서는 이 검은 나방의 성충 비율이 급속히 증가하기 시작해 1900년대 초반까지 영국의 거의 모든 도시에 나타났다. 1940년대를 맞을 무렵에는 90% 이상의 나방이 검은 빛깔이었다. 특히 공업이 발달한 맨체스터에서는 1895년에 검은 나방이 98%에 이르렀다고 기록되어 있다.

한편, 공장이 없고 푸른 초목이 풍부한 농촌지역인 웨일즈지방(그레이트브리튼 섬의 서부)에서는 19세기 당시에도 거의 대부분의 나방이 흰색 날개를 그대로 갖고 있었다.

현대의 영국에는 각 가정에 중앙난방시스템이 완비되어 있어 더 이상 석탄을 사용하지 않는다. 굴뚝에서는 더 이상 매연이 나오지 않지만, 아직까지 남아서 거리 곳곳의 건물 위에 솟아 있는 모습이 꽤나 인상적이다. 가로수도 본래의 흰빛을 되찾았고 건물은 밝은 벽돌색으로 칠해져 있다. 맑은 날에는 파란 하늘과 어울어진 도시가 여행자의 기분을 좋게 한다. 지금은 검은 나방도 거의 모습을 감추었으며, 본래의 흰 나방이 거의 대부분을 차지하고 있다.

19세기에 출현한 나방의 검정색 돌연변이가 20세기 들어 다시 흰색으로 되돌아온 이 현상은, 영국의 도시만이 아니라 유럽과 북미의 다른 도시들에서도 관찰되고 있다. 돌연 검정색이 나타났다가 석탄의 쇠퇴와 더불어 다시 흰색으로 돌아온 회색가지나방 색깔의 변화 원인은, 천적인 새의 포식 강도(强度) 차이 때문이라는 것이 실험을 통해 증명되었다. 가로수에 서식하는 이 나방이 포식자에게 발견될 확률은 나무줄기 색에 따라 달라진다는 것이다.

분자생물학이 발전한 오늘날에는 몸 색깔의 흑색화를 초래한, 색소를 침착(沈着, deposition)시키는 유전자도 특정되어 있다. 이 유전자의 염색체 상의 위치도 밝혀졌으며, 공업암화(工業暗化, 공업도시 부근에 서식하는 나방 등의 곤충류에 어두운 색의 변이체(變異體)가 증가하는 일)와 때를 같이 하며 돌연변이를 초래한 유전자가 출현했다고 추정하고 있는 것이다. 그런데 이 나방의 공업암화 이야기 속에는 19세기에서 2012년까지 면면히 지속된 생물학자들의 인간적 체취가 감도는 비화가 있다.

잡아먹히지 않도록 색깔을 바꿨다?

1896년에 영국의 어느 과학자는 "급증한 검정 나방의 발생 원인은 새에 의한 포식 때문"이라는 가설을 내놓았다. 그 후 이 나방을 자연선택의 대표 사례로서 교과서에 실릴 정도로 지위를 높여준 실험을 한 사람은 옥스퍼드대학에서 연구원으로 있던 케틀웰(H. B. D. Kettlewell) 박사다. 케틀웰 박사가 진행한 실험은 다음 두 가지다.

하나는 시꺼먼 나무줄기에 사는 검은 나방은 새에게 발견되기가 더 어렵다는 포식 실험으로, 1955년에 《네이처》지에 게재되었다. 또 하나는, 오염된 지역과 청정한 지역에서 검은 나방과 흰 나방에게 마크를 한 후 풀어놓고 어느 쪽이 보다 많이 살아남는지를 조사하는 '마크·리캡처(페인트 등으로 표식을 붙인 나방을 야외에 풀어놓았다가 다시 회수하는 방법)'라는 야외실험이다.

이 야외실험을 통해, 오염된 지역에서는 검은 나방이, 청정한 지역에서는 흰 나방이 보다 많이 살아남았다는 것이 밝혀졌다. 정말 단순하면서도 훌륭한 연구결과다.

그러나 그 실험의 단순함이 1990년대에 이르러 많은 연구자에게 회의적 시각을 갖도록 만들었다. 작은 불씨가 큰 불로 번지는 데에는 이유가 있기 마련이다. 케틀웰 박사의 단순한 실험에는 생물학적으로 보았을 때 몇 가지의 의문점이 있었던 것이다.

주된 비판은 다음의 세 가지로 요약된다.

① 포식 실험은 실내에 놓인 나무줄기에 사체가 된 나방을 핀으로 꽂아서 새에게 선택하도록 한다. 그러나 야외의 나방은 낮 동안에 자신을 드러내놓고 나무줄기에 앉는 것이 아니라 잎의 뒷면이나 잎사귀에 가려진 작은 나뭇가지에서 앉아 쉰다. 그 때문에 실내에서의 실험환경은 야외의 생태와는 전혀 다르다.

② 마크·리캡처에 사용된 나방이 각지에서 모아온 사육한 나방이었다는 점도 실험으로서는 부적절하다.

③ 야행성인 이 나방의 포식자는 새가 아니라 박쥐다.

2000년대가 되자 이러한 비판들이 생물학자들 사이에 널리 퍼졌다. 이런저런 구실을 붙여 자신만이 새롭다고 말하고 싶어 하는 사람은 세상 어디에나 있는 법이다. 그중에는 애초에 자연선택설 그 자체가 틀렸다고 말하는 사람조차 있었다.

자연계의 생물은 답을 알고 있다

무엇이 진실일까? 이같은 이의제기에 누군가는 해명해야만 했다. 이것은 생태학자에게 던져진 도전장이었다.

이의제기를 정면으로 받아들여 맞선 사람이 케임브리지대학의 마이클 마제루스(Michael E. N. Majerus) 교수다. 그는 우선 세 가지의 비판 중 ③에 먼저 도전했다.

마제루스 교수는 밤에 숲속에 풀어놓은 나방을 박쥐가 잡아먹는 광경을 각기 다른 세 군데의 지역에서 직접 눈으로 관찰했다. 그 결과, 박쥐는 검은 나방과 흰 나방을 같은 비율로 잡아먹었다. 이것으로 ③의 비판은 해명되었다.

게다가 마제루스 교수는 케임브리지의 한 정원에서 2007년까지 6년에 걸쳐 이 나방이 앉는 나무들을 찾아가 철저하게 조사했다. 그는 정원의 모든 나무에 직접 올라가 조사하는 우직한 방법을 선택했다.

그리고 100마리 이상의 나방이 실제로 앉고 있는 장소를 관찰해, 나방의 50%는 나뭇가지에, 40%는 나무줄기에, 그리고 나머지 10%만이 가는 나뭇가지에 앉는다는 것을 밝혀냈다.

그는 또한 야외에서 잡아온 총 4,864마리의 나방에게 표식을 붙여 풀어놓은 뒤, 케틀웰 교수가 예전에 행했던 '마크·리캡처 법'을 다시 했다. 유아등(誘蛾灯, 해충을 등불을 이용하여 구제(驅除)하는 장치)을 이용한 조사를 통해 85% 정도의 흰색 나방과 15% 정도의 검은색 나방이 살아남아 있는 것을 밝혀낸 다음, 실제로 나방이 울새(Rufous-Tailed Robin)를 포함한 9종의 새에게 잡아먹히는 현장을 확인했다. 흰 수목 위에서는 확실히 검은 나방이 더 많이 새들에게 잡아먹힌다는 사실을 분명히 했다. 이것으로 세 가지의 이의제기는 모두 타당성이 없다는 것을 '야외 현장 실험'에서 증명했다.

그러나 교수는 그 실험 결과를 공표할 수 없었다. 발표하기 직전인 2009년에 병으로 쓰러져 돌아올 수 없는 사람이 되었기 때문이다.

남겨진 데이터를 논문으로 정리해 발표한 사람은 그의 친구인 런던대학 제임스 맬럿(James Mallet) 교수와 그의 동료들이다. 2012년의 일이었다. 사실 나는 맬럿 교수의 기분을 충분히 이해할 수 있다. 그는 내가 객원연구원으로 런던대학에 몸담고 있을 때 내 방과 가까운 연구실에서 근무하고 있었으며, 그 역시도 나와 같은 생물의 적응진화에 관한 연구를 하고 있었기 때문에 우리는 대화를 자주 나누는 사이였다.

당시, 맬럿 교수는 남미에 조사를 하러 갔다가 열대병에 걸려 수개월 동안을 생사의 경계를 넘나들었던 적이 있었다. 그러니까 필사적으로 진행했던 회색가지나방의 연구 성과를 세상에 내놓지 못하고 사망한 마제루스 교수의 안타까움을 누구보다도 잘 알고 있었을 터다. 맬럿 교수가 영국왕립협회지에 발표했던 논문에는 이런 표현이 있다. "새들의 눈을 통해 증명한 포식행위가, 검은 회색가지나방의 출현 빈도의 급속한 변화의 주

요인이라는 결론을 이제는 그 누구도 받아들이지 않을 수 없다.”

마제루스 교수의 견실한 야외 관찰은 케틀웰 교수의 결론에 쏟아졌던 모든 비판을 해명해주었다.

그런데 마제루스 교수는 죽기 수년 전에 내가 사는 오카야마(岡山)를 방문한 적이 있다. 〈테마 02〉에서 다룬 '거짓쌀도둑거저리의 죽은 척하기' 육종실험에 대해 내가 설명하고 난 후에 마제루스 교수가 몇 번이나 강조하면서 했던 말을 나는 결코 잊을 수 없다.

“생물의 행동이 어떻게 진화했는지를 알기 위해서는 자연계에서 정말로 무슨 일이 일어나고 있는지를 잘 관찰해야 한다. 그것이 중요하다.”

자연계의 생물에게 무슨 일이 일어나고 있는가, 그것을 알아야 한다. 이제 마제루스 교수를 만날 수는 없지만, 그가 남긴 메시지는 내 머릿속에 확실하게 각인되어 있다.

어떤 생물의 변화가 자연계에서 어떤 의미를 가질까? 바로 그런 의문에 과학은 도전해야 한다. 그것은 인간사회에 존재하는 다양한 이치가 우리가 사는 실제 사회에서 어떤 의미를 가질지 생각해야 한다는 말과 조금도 다르지 않다.

현장에서 무슨 일이 일어나고 있는가? 그것을 바르게 인식하는 것이 바로 실패하지 않기 위한 삶의 지혜다.

공격을 위한 '페컴형 의태'

지금까지 봐왔듯이 먹잇감은 배경에 동조(同調)하는 등의 행위를 통해서 자신을 은폐한다. 포식자 역시도 그를 잡아먹는 보다 상위의 포식자가 있기 때문에 포식자이면서도 자신을 감추기도 한다. 이것은 직장의 상사에게 그보다 더 상위의 상사가 있는 것과 마찬가지다.

한편 피식자로부터 자신을 은폐하기 위한 포식자의 의태도 있다.

어떤 사마귀는 모양과 색이 꽃처럼 생겨 난초꽃과 함께 있으면 한눈에 구별하기 어렵다. '공격형 의태'라고 부르는 이런 유형의 의태는, 그 아이디어를 내놓은 조지 페컴(George Peckham) 박사의 이름을 따서 '페컴형 의태'라고 한다.

사마귀는 페컴형 의태의 명수다. 때로는 말라비틀어진 나뭇가지의 끝에 앉아 마치 자신이 나뭇가지인 것처럼 늘어진 자세를 취한다. 나뭇가지로 생각하고 사마귀에게 달라붙은 나비의

페컴형 의태의 명수 난초사마귀.

운명은 두말할 필요도 없을 것이다.

　초원에 사는 사마귀는 녹색이어서 풀과 섞여 있으면 구별하기 힘들다. 동남아시아에 가면 흰 난초꽃 위에서 꽃잎과 같은 모습을 하고 나비나 등에가 달콤한 꿀을 빨러 오기를 기다리는 난초사마귀(Orchid mantis)도 있다.

　자기보다 상위 자리에 있는 관리자의 눈에 띄지 않게 숨는 상사는, 그 은둔의 기술로 부하가 내놓은 아이디어를 가로채 자신의 업적으로 만들기도 한다.

나를 건드리면 위험하다는 신호

강한 자 옆에는 그 덕을 보려는 가짜들이 판을 치는 것이
인간세상이다. 당연한 말이지만 생물의 세계도
인간의 세계와 조금도 다르지 않다.

'모난 돌'은 경고 신호

"모난 돌이 정 맞는다"라는 옛말이 있지만 어차피 모날 바에
는 마음껏 모난 돌이 되라는 이야기가 지금부터 논하는 주제다.

모난 돌은 두드려 맞지만 지나치게 모난 돌은 누구도 쉽게
두드리지 못한다. 당신의 주위에도 분명 자신감으로 가득 찬 사
람이 있을 것이다. "그래, 난 강한 사람이야"라며 자기 자신을
강하게 어필하는 사람 말이다. 사회에는 이런 '모난 돌'도 존재
하기 마련이다.

이런 유형은 생물의 세계에도 물론 있다. 잘 조사해 보면 정

반대의 두 가지 유형이 있다는 것을 알 수 있다. 하나는 정말로 '지나치게 모난 강자'이고, 또 하나는 '모난 척하며 살아가지만 사실은 나약하기 짝이 없는 가짜 강자'다.

그러나 어느 유형이든 '난 무서운 놈이야', '먹어봐야 맛이 없어!', '나를 건드리면 위험해!' 등의 메시지를 보내면서 활개를 치고 다닌다는 점에는 차이가 없다. 이것은 '경고 신호'라고 불리며 수만 년 전부터 많은 생물들이 몸에 익혀온 생존전략이다.

진짜 강자에게는 느긋한 면이 있다. 나는 코발트빛의 오키나와 바다에서 스노클링을 하면서 물고기 보는 것을 좋아한다. 잠수용 기구나 장치를 쓰지 않고 물속에 들어가는 법을 배우던 젊은 시절에는 고무가 붙은 작살로 헤엄치는 물고기를 찌르며 놀기도 했다.

대부분의 물고기는 재빠르게 달아나버리기 때문에 실제로 작살 사냥의 제물이 되는 얼간이 같은 물고기는 거의 없다. 그러나 가끔은 아주 간단하게 작살로 잡을 수 있는 물고기도 있는데, 바로 쏠배감펭(Lionfish, Pterois lunulata)이 그렇다.

쏠배감펭은 도망치지 않고 느긋하게 바다 속을 헤엄치기 때문에 작살로 쉽게 찌를 수 있다. 쏠배감펭의 몸은 마치 전위적인 패션처럼 사방으로 돌출된 예리한 가시로 덮여있어 신비스럽게 보인다. 부끄럽지만 나는 쏠배감펭 가시에 맹독이 있어서 만지면 안 된다는 사실을 바닷가 근처에 사는 아이들에게 배웠다.

가시가 많은 쏠배감펭의 전위적인 모습은 그 자체가 강력한 경고의 메시지다. 물고기를 먹이로 하는 포식자는 이 모습을 기억하고는 이 강자에게는 접근하지 않는다. 적에게 자신의 강함을 기억하게 하려면, 자신의 요란한 모습을 느긋하게 보이면서 적에게 계속해서 상기시킬 필요가 있다. 그래서 대체로 독을 지닌 동물들은 적에게 자신의 존재를 알리려고 일부러 천천히 움직인다.

일본 남부의 오키나와 지역에는 흰 바탕에 검은 얼룩이 있는 왕얼룩나비(Ldea leuconoe)라는 커다란 나비가 서식하고 있다.

©미나토 가즈오(湊和雄)

왕얼룩나비.

팔랑거리며 유유히 날아다니는 모습 때문에 이 나비를 처음 본 사람은 마치 신문지가 바람에 날리는 것으로 착각하기도 한다.

왕얼룩나비 유충은 봉래경(蓬萊鏡, Parsonsia alboflavescens)이라는 독이 있는 식물을 먹고 자란다. 이 때문에 왕얼룩나비에는 독이 있어 한 번 맛본 새는 두 번 다시는 잡아먹으려 하지 않는다. 왕얼룩나비 독에는 새가 나비를 토해내도록 만드는 성분도 함유되어 있다. 포식자인 새에게 '맛없는 먹이'라는 것을 학습할 기회를 주는 셈이다.

만약 이 독나비가 느긋하지 않고 재빠르게 날아다녔더라면 어땠을까? 새는 빠르게 움직이는 먹이에 반응하기 때문에 반사적으로 공격할지도 모른다.

그런데 왕얼룩나비가 나풀거리며 느긋하게 날아다니기 때문에 새는 '이 녀석은 확실히 맛이 없는 놈이야!'라는 기억을 떠올리게 되고, 결과적으로 나비는 새의 공격을 피할 수 있게 된다. 독이 있는 생물은 이와 같이 일부러 자신을 드러내어 적의 기억을 상기시키기도 한다.

인간사회 역시도 마찬가지다. 주변 사람들로부터 두려움의 대상이 되는 진짜 강자는 평소에는 느긋한 태도를 취한다. 물론 한 번 결단을 내리면 뒤돌아보지 않고 과감하게 실행에 옮기겠지만. 이런 사람에게 쉽게 생각하여 섣불리 접근했다가 뜻밖의 타격을 받고 후회하게 되는 경우도 생긴다. 지나치게 모난 돌은 누구도 쉽게 건드리지 못한다. 잘못 건드렸다가는 성가신 일이 생기기 때문이다.

호랑이의 위엄은 빌릴 만하다

강한 자 옆에는 그 덕을 보려는 가짜들이 판을 치는 것이 인간세상이다. 당연한 말이지만 생물의 세계도 인간의 세계와 조금도 다르지 않다.

남아메리카와 북아메리카에는 붉은색과 노란색 그리고 검은색 줄무늬를 가진 산호뱀이라는 독사가 살고 있다. 코브라의 일종으로 물고기나 새, 개구리를 강력한 신경독으로 마비시켜 잡아먹는다.

이 맹독의 산호뱀이 사는 숲에는 모습은 흡사하지만 독은 없는 왕뱀(King Snake)과 우유뱀(Milk Snake)이 살고 있다. 진짜 강자인 산호뱀의 줄무늬는 '붉은색→노란색→검정색→노란색→붉은색' 순으로 되어 있다. 그런데 독이 없는 호랑이의 위엄을 빌린 왕뱀과 우유뱀의 무늬는 붉은색→검정색→노란색→검정색→붉은색으로, 그 줄무늬의 배열순서가 다르다.

현지의 원주민 가이드들도 그 둘 사이를 구별하기 위해, "붉은색과 이웃해 있는 노란색은 사람을 죽이고, 붉은색과 이웃해 있는 검정색은 안전하다"는 말을 주문처럼 읊으며 외운다고 한다. 하지만 덤불 속에서 갑자기 나타난 뱀을 바로 분간할 수 있을지 장담하기는 좀 어려울 것 같다. 그러니 붉은색, 노란색, 검정색 줄무늬 뱀을 보면 색의 순서를 따지기보다는 일단 빨리 피하는 편이 현명하다는 것은 두말할 나위도 없을 것이다.

생물도 기업도
작은 쪽이 편하다

대형 꽃등에는 방어 전략에 모든 자원을 쏟지 않으면 안 된다. 따라서
방어 이외의 생존전략에 에너지를 투자할 여유가 없다.

얼핏 보기엔 위험한 생물과 겉모습이 비슷하지만, 자세히 보면 상당히 '불완전한 의태'라고 생각되는 사례들이 자연계에는 많다. 예를 들면, 노란색과 검정색의 줄무늬를 가진 꽃등에(Syrphid fly)가 그렇다.

등에는 얼핏 보면 벌과 비슷하지만, 잘 보면 몸집이 땅딸막해 벌과 조금도 닮지 않았다. 등에는 본래 파리의 한 종류(곤충강 파리목 등에과)에 속하는 곤충이다.

등에가 갑자기 날아들면 사람들은 벌로 오인하고 무서워하는 경우가 많다. 물론 일단은 그렇게 생각하고 행동하는 편이 사람 입장에서는 낫다. 대개의 생물에게는 용기 있는 행동보다

는 신중한 자세가 낫기 때문이다.

하지만 '정말로 이 녀석은 남의 모습을 제대로 흉내 내고 있구나!'라고 찬탄할 정도의 '훌륭한 의태'를 하는 생물도 있다. 그런데 어째서 의태는 때때로 불완전한 것일까?

사실 그 답은 간단하다.

먹잇감(부하)이 모든 적(상사)에 완벽하게 방어하고 대비하기는 어렵고, 또 어떤 특정한 적에게만 주의를 기울여서는 안 되기 때문이다.

또한 적에 대해 방어만 하고 있을 수도 없다. 살아가기 위해서는 생장과 번식도 해야 한다. 게다가 건조와 같은 혹독한 환경에 적응하기 위해 가지고 있는 한정된 자원을 몇 가지 일에 분배해야 한다. 이런저런 사정 때문에 한 가지만을 위하여 완벽하게 의태하기가 실제로는 어려운 것이다.

2012년도 《네이처》지에는 불완전한 의태가 존재하는 이유 중 하나로, "의태하는 생물의 몸 크기가 중요하다"는 보고가 있었다.

캐나다 칼톤대학의 톰 세라트(Tom Sherratt) 교수팀은 노란색과 검정색의 줄무늬를 가진, 얼핏 보기엔 벌과 흡사한 꽃등에를 분석해 답을 구했다. 꽃등에는 꿀벌처럼 꽃가루와 꿀을 먹고 살지만 파리목(目)에 속하는 곤충이라서 쏘거나 공격하지는 않는다. 벌과 달리 아무런 위험성도 없지만, 그 모습 때문에 어린 새들이 벌로 오인할 가능성이 있다.

톰 세라트 교수팀은 의태하는 꽃등에 38종과 의태 대상이 되는 벌 10종을 모아, 꽃등에의 몸 크기와 의태 대상이 되는 벌의 유사성을 자세히 비교했다. 그 결과, 몸 크기가 큰 꽃등에일수록 벌과 비슷하다는 것을 밝혔다.

포식자인 새들의 입장에서는 한 번의 사냥으로 가급적 큰 먹이를 잡는 쪽이 효율적이다. 작은 꽃등에를 몇 번씩 공격하여 사냥하는 것은 사용한 에너지에 비해 얻는 보수가 적어 비효율적이다. 그 때문에 몸 크기가 큰 꽃등에 쪽이 포식자에 의한 자연선택 압력이 강하게 작용한다.

그렇다고 해도 먹잇감이 없을 때는 포식자는 작은 사냥감이라도 잡아먹을 수밖에 없다. 그러니까 작은 꽃등에도 어느 정도는 벌과 닮는 쪽이 덜 잡아먹히게 될 것이다.

그러나 역시 몸집이 작은 꽃등에는 몸집이 큰 꽃등에보다는 방어에 대한 압박이 작다. 그 때문에 자연선택의 눈은 느슨해지고, 방어 이외의 생존전략에 에너지를 투자할 여유가 생긴다.

이렇게 하여 꽃등에는 크기가 클수록 무서운 벌과 비슷한 모습이 되는 현상이 벌어진다. 바꿔 말하자면, 대형 꽃등에는 방어 전략에 모든 자원을 쏟아야만 하며, 방어 이외의 생존전략에 에너지를 투자할 여유가 없다.

이것은 큰 기업일수록 상황 변화에 재빨리 대응하기가 어려운 현실과 유사하다. 작은 기업이나 지방의 기업에서는 생사를 건 대담한 발상의 전환이 가능하다. 이에 비해서 대기업은 이미 확고하게 틀이 잡힌 규칙이나 조직의 룰에 의해 다양한 제약이 가해진다. 따라서 상황 변화에 재빨리 대응할 여력은 그만큼 줄어들 수밖에 없다.

상황 변화에 재빨리 대응하지 못하면(대응할 여력이 없으면) 생존에 걸림돌로 작용할 수 있다는 것을 진화생물학은 가르쳐준다.

독을 가진 생물들은 왜 화려할까

당신이 강하다면 상사에게 '이 녀석을 건드리면
성가시다'라는 의식을 심어주는 편이 좋다.

　우리에게는 '나쁜 사람'을 연상시키는 외모에 대한 어떤 공
통적인 이미지가 있다. 어떤 배우는 드라마나 영화에서 악역 전
문 배우로 활약하기도 한다. 왜 그런 사람들은 무조건 악당일
것 같다는 공통의 이미지를 갖게 되었을까?

　진화생물학은 그런 의문에도 답해주고 있다.

　독일 출신의 프리츠 뮐러(Fritz Müller, 1821~1897) 박사는 브라
질에 살면서 농사를 짓는 한편 사람들과 어울려 생물들의 불가
사의한 삶에 관한 논문을 많이 쓴 박물학자다. 아마존 강 유역
에는 헬리코니우스(Heliconius)라 불리는, 가늘고 긴 새까만 날개
에 선명한 붉은색과 흰색, 노란색 얼룩무늬와 띠를 두른 화려한

모습의 독나비가 많이 서식하고 있다. 종류가 여럿인 이 맛없는 나비들은 겉모습이 모두 비슷하고 요란스럽다.

그런데 왜 독을 지닌 나비들은 한결같이 화려한 빛깔을 하고 있는 것일까? 이것은 그때까지만 해도 누구도 설명할 수 없는 수수께끼였다.

뮐러 박사는 화려한 색을 지닌 나비의 맛을 새가 기억하고 피하려면 학습이 필요했을 거라는 데 생각이 미쳤다. 새는 처음부터 나비의 맛을 알고 있었던 것이 아니라, 성장과정에서 몇 차례 맛없는 나비를 먹어보고 나서야 그 나비의 색채(모습)를 학습하고 기억한다. 맛없는 독나비는 대체로 자신들을 잡아먹은 새가 다시 토해내게 만드는 특별한 화학성분을 갖고 있다. 그 성분 때문에 새가 죽지는 않는다. 독나비는 새들에게 단지 자신이 '맛없다'는 것만 기억시키면 그것으로 충분하다.

뮐러 박사는 맛없는 나비가 그 홍보 효과를 높이기 위해서는 자신이 맛없다는 것을 새들에게 기억시킬 수 있는 '어느 정도의 (개체) 수'가 필요하다는 것을 밝혀냈다. 맛이 없고 비슷한 경고색을 가진 나비의 개체가 늘어나면 늘어날수록 새에게 습격당하는 개체의 비율은 줄어들고, 경고색의 효과는 늘어나게 된다. 그 효과는 같은 종류의 나비만이 아니라 유사한 다른 종류의 나비에게도 영향을 끼치므로 경고색을 가진 맛없는 종류는 서로 간에 닮게 된다는 것이다. 요컨대 수의 논리이다.

이 논리는 앞에서 언급했던 뱀과 개구리 등, 경고색을 가진 모든 생물에도 적용되어, 지금은 그것을 박사의 이름을 따서 '뮐러형 의태'라고 부른다.

말벌 같은 무서운 사냥 벌 대부분은 검은색과 노란색의 화려한 호피 무늬를 하고 '붕붕' 소리를 내며 자신의 존재를 드러낸다. 본격적인 번식기에 들어가는 가을이 되면, 말벌은 자신들이 키우고 있는 식구를 지키기 위해 '딱딱' 하는 경계음을 내면서 '부~웅!' 하고 다가온다. 말벌 여러 마리가 근처를 날며 위협하듯 다가올 때는 아주 중요한 그들의 벌집이 근처에 있다는 증거이므로, 그럴 때는 무조건 도망쳐야 한다.

화려한 경고색을 지닌 강자는 벌에게만 있는 것이 아니다. 경고색을 지닌 강자는 개구리에게도 있다. 남아메리카와 북아메리카 대륙에서 청색이나 노란색, 검정색, 녹색 같은 현란한 모습으로 진화한 신경독을 가진 독개구리 무리가 그렇다. 피부에 강력한 독이 있기 때문에 새에게 공격당할 일이 없는 독개구리 무리의 살갗은 모두 현란한 색채다.

그렇다면 왜 독을 가진 강자는 종류와 관계없이 모두 화려한 색채를 갖고 있는 것일까? 그 이유는 앞에서 설명한 것처럼 포식자인 새들의 학습과 관련이 있다.

직장의 상사도 마찬가지로 학습능력이 있다. 당신이 진정한 강자라면 상사에게 "이 녀석을 건드리면 성가시다"라는 의식을 심어주는 편이 좋다. 그러면 상사는 이따금씩 그 기억을 떠올릴 것이다. 이렇게 되면 당신이 상사와의 관계에서 보다 우위를 점할 수 있게 되는 것은 두말할 필요가 없다.

화를 내는 것도 타이밍이 중요하다

평상시에는 화를 내지 않던 상사가 적절한 타이밍에 화를 낼 때
효과를 제대로 얻을 수 있는 법이다.

눈알 모양의 애벌레와 날개무늬의 정체

때로 부하를 혼낼 줄도 알아야 한다는 것을 진화생물학은
가르쳐준다. 열대의 삼림 속에는 놀라울 정도로 많은 눈알 모양
의 나방 유충이 서식하고 있다. 얼핏 보기엔 뱀의 머리를 연상
시키는 모양의 유충도 있다.

그런데 당신이 열대에 사는 10그램 정도의 작은 새라고 치
자. 계속 날기 위한 에너지를 보충하기 위해 당신은 먹이를 찾
아 이리저리 날아다녀야만 한다. 그때 작은 나뭇가지와 겹친 나
뭇잎 사이로 언뜻 움직이는 눈알 같은 것이 보였다.

눈알 모양의 나방 유충.

당신은 아직 젊다. 이제부터 배우자를 찾아 자식을 남기고 싶고, 암컷 새들에게 자신의 아름다움을 과시해 해마다 다른 배우자와 함께 자식을 기르는 미래도 기다리고 있다. 어쩌면 바람을 피우고 싶을지도 모른다.

그런데 지금, 자신의 불과 몇 센티미터 앞에 '짠~' 하고 나타난 눈알 같은 것이 있다. 맛있는 먹잇감일까, 아니면 무서운 포식자일까? 당신은 그 주변을 좀 더 돌면서 조사해보고 싶을지도 모른다. 그러나 그것이 무서운 적이라면, 당신이 꿈꾸는 연애도 자녀도 순식간에 빼앗아갈 위협이 된다. 위협이 될 것 같으면 머뭇거리지 말고 곧바로 도망치는 쪽이 현명하다.

방금 본 것이 스테이크였든 맛없는 건빵이었든 간에 그것은 한 끼의 선택에 지나지 않는다. 한 끼 음식을 선택하는 데 자신의 일생을 걸고 싶지는 않을 것이다. **포식자인 당신은 한편으로는 적의 먹잇감이기도 하다. 자연도태는 그처럼 방심하는 먹잇감을 놓치지 않는다. 망설이는 순간에 당신은 이 세상에서 사라져버릴 것이다. 그런 식의 대처는 진화생물학적으로는 빵점이다. 바로 도망치는 것이 정답이다.**

눈알 모양의 나방 유충은 작은 새들이 다가오는 순간, 그 눈알 모양이나 혹은 뱀처럼 생긴 머리를 쳐들기도 한다. 그럴 때, 작은 새나 원숭이, 쥐와 같은 몸집이 작은 포유류는 순간적으로 공포에 질려 기가 죽는 것은 당연하다. 작은 새나 쥐들도 당연히 두려움을 안고 살고 있다. 그들은 유충에게는 무서운 사냥꾼이지만, 동시에 자신 또한 뱀이나 도마뱀 그리고 대형 포유류나 독수리, 매의 먹잇감이다.

사실 뱀을 닮은 모습이나 눈알 모양을 한 유충들은 오랜 동안 동물의 눈을 흉내 낸 의태로서 진화했을 것으로 여겨져 왔다. 이에 대해 1957년, 곤충학자인 브레스트 박사는 "작은 새들이 갖는 '두려움'의 심리가 이것들을 진화시킨 것은 아닐까"라는 가설을 제안했다. 그러나 이 가설은 이후 반세기 동안 완전히 잊혀졌다.

그러던 중, 2010년에 펜실베이니아대학 다니엘 얀젠(Daniel Hunt Janzen) 교수팀은 브레스트 박사의 가설이 옳았음을 증명하는 논문을 국제학술지 PNAS(Proceedings of the National Academy of Sciences of the United States of America)에 발표했다. 그들은 코스타리카의 열대림에서 100종류 이상 되는 눈알 모양이나 뱀을 닮은 나방 유충들을 관찰하고 그 같은 결론에 도달했다.

자신을 다른 사물이나 생물들과 비슷한 모습으로 변화시키는 '의태'는, 모델이 되는 '맛없는 먹잇감'이 많이 서식하는 환경 속에서 그 모델을 의태하는 개체가 드물 경우에만 그 효과를 발휘한다. 그러나 이것만으로는 세계의 열대림에 널리 서식하는, 포식자들을 깜짝 놀라게 하는 유충들의 존재를 설명하기는 부족하다. 그래서 얀젠 교수팀은 브레스트 교수의 '두려움' 가설이 작은 새와 작은 포유류가 많이 서식하는 열대림에서 사는 대부분의 나방 유충이 눈알 모양이나 뱀의 모습으로 진화한 이유를 설명해준다고 결론을 내렸다.

나방 유충의 대부분은 독을 갖고 있지 않다. 그리고 그 개체 수는 대단히 많다. 얀젠 교수팀은 나방 유충이 사냥꾼인 새들이 살며시 다가오는 자극에 맞춰 그 눈알 모양의 머리를 쳐들어 올리는 모습을 관찰했다. 유충만이 아니라 나방 성충 중에도 뒷날개에 눈알 모양이나 붉은색을 띠고 있는 것이 많다. 그 성충도 적의 자극을 느꼈을 때, 마치 순간적으로 눈을 멀게 만드는 플래시 효과처럼 수수한 앞날개를 들어 올려 화려한 뒷날개를 보인다.

인간 역시도 갑자기 나타난 이들 경고색에 잠시 두려움을 느낄 것이다. 그렇다면 작은 새들이 보다 강한 두려움을 갖는 것은 당연할 것이다. 자연선택은 이처럼 작은 새들의 감정의 움직임을 놓치지 않고 유충을 눈알 모양을 진화시켰다.

들판의 눈알 모양을 붙인 풍선

추수를 앞둔 벼에 해를 끼치는 참새들이 눈알 모양에 놀라 논에 접근하지 않는 모습을 관찰한 후에 이를 이용한 새를 쫓는 법이 일본에서도 보급되었다. 덕분에 일본의 논과 과수원에는 눈알 모양을 붙인 풍선을 자주 볼 수 있다. 이런 눈알 모양의 풍선은 확실히 새들에게 '두려움'을 주고 피해를 줄여주는 효과가 있다는 것이 확인되고 있다. 그러나 이 방제법의 한계는 새들이 그것에 곧 익숙해진다는 점이다.

논에 상시적으로 눈알 모양의 풍선을 띄워 놓으면, 처음 2~3일 간은 새들이 가까이 다가오지 않는다. 그러나 똑똑한 새는 1주일, 아니 4~5일이면 그것에 완전히 익숙해져 거리낌 없이 다가와 벼를 쪼아 먹는다.

그래서 농사를 짓는 사람들은 며칠 간격으로 풍선을 띄우거나, 새가 다가오면 폭죽 소리를 내는 장치를 하거나, 또는 옛날부터 이용해왔던 허수아비를 세워놓거나 해서 새들이 '두려움'에 익숙해지지 않도록 하는 방법을 궁리해왔다.

농부들과 새들 간의 벼를 둘러싼 공방은 마치 다람쥐가 쳇바퀴를 도는 모습과 같다. 해를 끼치는 모든 새를 물리칠 수 있는 완전한 방제법이란 거의 불가능하다. 논 전체를 새가 들어올 수 없도록 그물로 덮어버리는 것이 가장 효과적이지만 현실적으로는 그것도 어렵다.

이런 사실은 직장 상사나 어머니가 부하나 자식에게 화를 낼 때도 타이밍이 중요하다는 것을 깨우쳐준다. 항상 화를 내는 상사나 어머니는 부하나 자녀들이 그것에 익숙해지게 해 훈계의 효과가 거의 없을 것이다. 진화생물학의 입장에서 볼 때, 평상시에는 화를 내지 않던 상사가 적절한 타이밍에 화를 낼 때 효과를 제대로 얻을 수 있는 법이다.

속임수의 진화

자신에게 독이 있다는 것을 과시하는 생물이 있으면 반드시라고 해도
좋은 만큼 그 주변에는 자기도 독을 가진 척하는 녀석들이 있다.

　도덕적으로 볼 때 거짓말은 용서할 수 없다. 하지만 거짓말
도 잘하면 남에게 아무런 상처를 주지 않을 수도 있다. '거짓말
을 어떻게 대하면 좋을까'는 도덕을 갖게 된 인간에게는 대단히
고민스런 것이 아닐 수 없다. 하지만 우리가 생물의 원점으로
되돌아가보면 그런 거짓말은 수없이 만날 수 있다.

　'의태자(擬態者)'라 불리는 생물들은 도덕이나 윤리가 있는 인
간의 입장에서 보면 '거짓말쟁이'다. 하지만 이것도 생물이 몸
에 익혀온 바른 생존전략의 결과다.

　생물의 세계에 거짓말이나 속임수가 넘쳐나는 것은 당연하
다. 강자 주위에는 그것을 방패삼는 약자가 늘 따라다니기 마련

이다. 적으로부터 공격당하기 쉬운 약한 생물은 세상에 태어날 때부터 평생 남을 속이면서 살아가지 않을 수 없다. 인간사회에서 거짓말을 일삼는 사람은 경멸의 대상이지만.

앞에서 소개했듯이 자신에게 독이 있다는 것을 과시하는 생물이 있으면 반드시라고 해도 좋은 만큼 그 주변에는 자기도 독을 가진 척하는 녀석들이 있다.

자신은 독을 갖고 있지 않지만 독을 가진 '맛없는 먹잇감'과 닮은 모습으로 포식자의 공격을 피하는 기술이다. 이를 '베이츠 의태(Batesian mimicry)'라고 한다.

지금으로부터 대략 150년 전인 1862년, 영국의 곤충학자인 헨리 월터 베이츠(Henry Walter Bates, 1825~1892)는 아마존의 오지로 탐험을 나갔다. 그때 독나비와 비슷하게 생긴 흰나비과 나비(맛이 좋다)들이 많은 것을 보고는 처음으로 의태라는 개념을 세상에 제시했다. 이것은 의태의 대상이 되는 독나비와 의태종인 흰나비, 그리고 의태를 하는 흰나비에게 속아 공격을 하지 않는 포식자, 이 3자간의 진화 게임 관계다.

왜 게임인가 하면, 만약 '의태종'의 수가 너무 지나치게 늘어나면 포식자는 더 이상 속지 않고 많은 반복 학습을 통해 '의태종'을 공격하게 되기 때문이다. 그러므로 '의태종'은 어떤 집단에서나 다수파가 되지 못하는 것이 보통이다. 이것을 전문용어로는 '음성 빈도 의존적 선택'이라고 한다.

말하자면 남을 속이는 행위를 하는 것은 소수파이기 때문에 이익이 있는 것이다. 이익이 있으면 자식들을 보다 많이 남기게 되어 점차 다수파가 되지만, 어느 정도까지 수가 늘어나면 포식자에게 속임수가 발각되어 잡아먹히게 되기 때문에 다시 수가 감소하게 되는 과정을 되풀이한다. 바로 이런 점이 게임과 유사하다. 따라서 '의태종'은 '의태의 대상이 되는 종'보다 수가 적기 마련이다.

'의태종'이 그 수를 쉽게 늘리는 데는 두 가지의 방법이 있다. 하나는 포식자가 건드릴 수 없을 정도로 강한 독을 가진 '의태의 대상'을 흉내 내는 것이다. 또 하나는 포식자가 기억할 수 없을 만큼 여러 유형의 '의태종'을 진화시키는 것이다.

포식자(상사)의 기억능력에는 한계가 있기 때문에 다양한 종류의 '의태종(부하)'이 있으면 그중의 누군가는 살아남는다는 이치다. 결국은 두 방법 모두 적의 능력에 달린 것이라고 할 수 있다.

완벽하게 모든 것을 기억하고 있는 상사 앞에서는 아무리 유능한 부하라도 맞서기 어렵다. 하지만 상사는 바쁜데다가 보통은 나이도 많기 때문에 당신보다 대체로 기억력이 나쁜 경우가 많다. 그 틈을 타 교묘히 살아남는 것도 진화생물학적으로는 정답이다. 이 장에서 소개한 여러 먹이생물들도 적의 능력을 알고 현명하게 대응하여 살아남는 모습을 보여준다.

휴 식
혹독한 계절을 보내는 방법

'혹독한 계절에는 잠을 자라'는 것이 <테마 04>에서 전해주는 메시지다. 생물들은 환경의 변화에 맞춰 '상황이 어려운 시기'를 무난하게 헤쳐나간다. 추운 계절이 다가오면 생물들은 활동을 멈추고 '겨울잠'에 들어간다. 겨울잠을 자는 생물들은 한겨울의 추위를 견뎌낼 수 있도록 가을로 들어서면서부터 적극적으로 몸의 구조를 변화시킨다.

진화생물학적으로
휴식하라

생물들은 어쩔 수 없어 겨울잠을 자는 것이 아니라
오히려 적극적으로 휴면에 들어간다.

적극적으로 휴식하는 전략

이 장의 주제는 휴식이다. 생물들은 '적극적으로 휴식'하는 전략을 도입해 진화해왔다. 그런데 장기휴가를 받아 여유 있게 여가를 즐길 수 없는 직장인들은 어쩔 수 없이 진화생물학적으로는 잘못된 방식으로 휴식을 취할 수밖에 없다.

생물들은 적극적으로 휴식을 취한다. '겨울잠'은 그 전형적인 사례이다. 곤충이나 동물은 추위가 닥치고 나서야 겨울잠에 들어가는 것이 아니다. 추위가 다가오는 것을 미리 알고 적극적으로 겨울잠에 들어갈 준비를 한다. 그런 행동방식은 유전적으로 프로그램이 되어 있지만 겨울잠을 자는 방식은 개별 동물이나 나무에 따라 개성이 있다.

생물의 원리를 거스르지 않고 자기방식대로 휴식을 취하는 것이 무엇보다 중요하다. 야생에 사는 생물은 계절이나 먹잇감 등의 형편이 자신에게 좋지 않을 때는 겨울잠을 자거나 이주를 해서 좋지 않은 시기를 잘 넘긴다.

겨울잠과 시계유전자

견디기 힘든 계절을 피하는 방법은 여러 가지 형태로 진화하여 왔다. 이제 겨울잠에 대해 구체적으로 살펴보도록 하자.

겨울잠은 온대에 서식하는 생물들에게서 많이 볼 수 있는 현상이다. 생물들이 겨울잠을 자는 것은 견디기 힘든 계절에는 잠을 자는 수밖에 없기 때문이라고 생각해왔다. 그러나 생물들은 어쩔 수 없어 겨울잠을 자는 것이 아니라 오히려 적극적으로 휴면에 들어간다.

예를 들면, 곤충들은 추워지고 나서 황급히 휴면에 들어가는 것이 아니다. 계절의 변화를 정확하게 감지하고, 추워지기 전에 적극적으로 휴면에 들어갈 수 있는 몸을 만든다. 겨울의 추위에 내성이 있는 호르몬 물질을 가을부터 몸속에 증가시켜 겨울을 대비하는 것이다.

환경의 변화가 극심한 장소에서는 휴면의 방법도 진화한다. 예를 들어, 우기와 건기의 구별이 분명한 아프리카에는 건기가 되면 바짝 마른 상태로 몇 개월씩 죽지 않고 버티는 기술을 몸에 익힌 생물이 있다. 아프리카 중에서도 좀처럼 비가 내리지 않는 곳에 사는 아프리카 깔따구(Sleeping chironomid)가 바로 그것이다.

아프리카 깔따구는 아프리카 대지의 암반 위에 고여 있는 작은 물웅덩이에 서식한다. 일본 농업생물자원연구소 오쿠다 다카시(奧田 隆) 박사팀이 아프리카 깔따구의 불가사의한 장기 휴면 기술을 밝혀냈다.

이 깔따구가 사는 아프리카의 사막에는 보통 8개월씩이나 비가 내리지 않는다. 낚시의 미끼로도 우리에게 친숙한 붉은색의 깔따구 유충은 건기 동안 줄곧 휴면을 취한다. 기록상으로는 17년간이나 잠들어 있던 유충이 휴면에서 깨어나 소생했던 사례도 있다고 한다.

깔따구는 물을 흡수할 때까지 계속 몸의 대사활동을 정지할 수 있다. 그런데 일단 물을 빨아들이면 1시간 정도 지나 다시 소생한다. 그 수수께끼의 해답은 탈수상태, 즉 몸 안의 수분을 97% 이상 소실하는 대신 체내에 대량의 트레할로스(trehalose)라는 내건성(耐乾性) 물질을 축적해 건조 시기를 견뎌내는 몸의 구조에 있다. 트레할로스는 미생물, 식물, 곤충 등의 자연계에 존재하는 당질의 한 종류로 건조한 환경에서도 수분을 지켜 생물이 생존할 수 있도록 돕는 물질이다.

이제 다시 사계절이 있는 온대의 휴면 이야기로 돌아가 보자.

우리 인간은 추위가 찾아오면 난로를 꺼내거나 겨울옷을 준비하는 등, 기온의 변화로 계절의 변화를 느끼고 이에 대응한다. 그런데 겨울이라 해도 해마다 달라, 유난히 추운 해가 있는가 하면 비교적 따뜻한 해도 있다. 그러니까 온도를 계절 변화의 판단 근거로 삼는 것은 겨울옷이나 히터가 없는 야생의 생물에게는 매우 위험한 일이다. 조금이라도 온도를 잘못 알게 되면 갑자기 추위가 닥쳤을 때 죽을 수도 있기 때문이다.

그 때문에 동물들은 더욱 정확한 방법으로 계절이 변화하는 신호를 읽어내고 겨울잠을 준비해서 살아남는다. 그 신호가 바로 계절을 정확하게 나타내주는 '낮의 길이'이다. 추운 겨울이든 따뜻한 겨울이든 낮의 길이는 일정하게 변화한다. 낮의 길이가 가장 긴 하지(夏至)가 지나면 여름, 가을을 거치며 매일 일정한 시간씩 짧아진다. 그리고 일 년 중 밤의 길이가 가장 긴 동지(冬至)가 지나면 다음날부터 낮의 길이가 점점 길어진다. 낮의 길이가 해에 따라 바뀌지는 않는다.

생물은 이 '낮의 길이'의 변화를 읽기 위해 몸속에 시계를 지니고 있다. 물론 우리 몸의 세포 속에도 낮의 길이를 재는 '시계 유전자'가 있다. 메추라기와 쥐, 곤충을 이용한 최근의 생물학 연구는 시계유전자가 매일 매일의 낮의 길고 짧음을 측정하는 장치와 관계가 있다는 것을 밝혀주고 있다. 이처럼 생물은 계절에 따른 낮과 밤의 길이를 읽어 환경의 변화에 적응하는 능력을 지니고 있는 것이다.

생물인 인간 역시도 계절의 변화에 따라 몸의 리듬을 조정하는 능력을 갖고 있다. 하지만 24시간 동안 계속 밝은 등을 켜두는 편의점의 출현과 한밤중까지 인터넷을 하는 습관 등이 그 능력을 심각하게 흐트려 놓고 있다. 밤을 잊어버린 현대인의 생활습관은 진화생물학적으로 바르다고 할 수 없다.

유연근무제는 옳은 선택이다

사람마다 제각기 개성이 있듯이
우리 몸 속의 생체시계도 예외가 아니다.

지구상에 살고 있는 거의 모든 생물이 지니고 있는 세포 속의 시계에 대해 좀 더 알아보자.

생체시계(체내시계)는 가을이 되면 매일 조금씩 짧아지는 낮의 길이에 맞춰 체내의 대사를 떨어뜨리고 에너지를 지방으로 변환시킨다. 이것은 직접 사람을 이용한 실험이 곤란하기 때문에 같은 포유류인 쥐를 통해 얻어진 정보이다. 가을이 되면 다람쥐들은 효율적으로 겨울을 날 수 있도록 영양이 풍부한 도토리를 적극적으로 먹는다. 이처럼 생물체의 모든 세포에 존재하는 생체시계는 밤과 낮의 길이나 계절에 따른 일조시간의 변화를 감지한다.

그렇다면 세포 속의 생체시계란 어떤 것이고 어떻게 움직일까?

당신의 손목시계를 분해해 보면 직감적으로 이해할 수 있을 것이다. 손목시계 속에는 시계 바늘을 움직이기 위한 많은 톱니바퀴가 들어 있다. 초침이 1회전하면 분침이 1분씩 움직이고, 분침이 1회전하는 동안에 시침이 가리키는 숫자는 하나씩 증가한다.

우리 몸의 세포에는 '생체시계 단백질'이라는, 시계를 움직이는 톱니 같은 부품이 탑재되어 있다. 세포 속은 세포질이라 하는 공간에 핵이 떠있는 것 같은 상태로 되어 있다. 그리고 이 핵 속에 DNA가 채워져 있다.

DNA 배열의 여기저기에 암호로 존재하는 몇 개의 시계유전자가 생체시계 단백질을 만들도록 지령을 내린다. 그러면 핵의 바깥쪽, 즉 세포질 속에 생체시계 단백질이 만들어져 계속해 늘어난다. 세포질 속에 이 생체시계 단백질이 가득 차면 이번에는 핵 속의 DNA가 더 이상 만들지 않아도 된다는 지령을 내린다.

세포질 속에 흘러넘치는 생체시계 단백질은 아침에 비치는 햇빛의 자극을 받으면 분해되어 세포질 속에서 소멸된다. 충분히 빛을 받아 세포질 속의 생체시계 단백질이 지나치게 감소하면, 핵 속의 시계유전자는 다시 생체시계 단백질을 늘

리라는 지령을 내린다. 만들라는 지령과, 만들지 말라는 지령에 따라 세포질 속에서 늘었다 줄었다 하는 생체시계 단백질의 증감의 주기가 거의 24시간이다.

그런데 모든 사람이 정확한 24시간 시계를 가지고 있는 것은 아니다. 이것이 생체시계와 기계시계가 다른 점이다. 23시간 40분의 시계를 갖고 있는 사람이 있는가 하면 24시간 5분 시계를 갖고 있는 사람도 있다. 사람마다 제각기 개성이 있듯이 생체시계도 예외가 아니며, 대략 24시간이라는 것이다. 그래서 생물의 생체시계는 대략적인 시계다. 밤과 낮이 있는 환경에서는 아침 햇빛을 받아야 시계가 작동되기 때문에 사람은 모두 24시간에 맞춰 살아갈 수 있게 되어 있다. 그러나 24시간보다 짧은 생체시계를 지닌 사람을 아주 깜깜한 어둠 속에서 1주일 이상 생활하게 하면 기상하는 시각이 점점 빨라진다.

이처럼 생체시계의 길이는 사람에 따라 편차가 있으며, 하루의 시간이 긴 시계 유형은 '저녁형 인간'이고, 짧은 시계 유형은 '아침형 인간'이라는 것도 알려져 있다.

생체시계 연구자 중에는 아침 8시 30분에 학교 수업이나 회사 업무를 시작하는 사회 시스템이 잘못된 것이라는 주장을 하는 사람도 있다. 사람마다 조금씩 다른 생체시계를 갖고 있기 때문에 생활리듬도 사람에 따라 개성이 있다는 것이다. 개성을 존중하는 교육이 중요하다면, 정해진 시간에 시작하는 학교 시스템은 진화생물학적으로는 개인에게 무리한 강요가 아닐 수 없다.

생체리듬을 따르고 싶다면 출퇴근시간을 정하지 않고 어느 정도의 자유를 부여하는 유연근무(플렉시블 타임)제를 도입하는 것이 진화생물학적으로 옳다고 할 수 있다.

왜 생물은 발정기를 진화시켰을까

이처럼 극히 제한된 시간밖에 교미를 할 수 없는 이유는 무엇일까?
그것은 새끼들이 무사히 살아남을 수 있을지 여부에 달려 있다.

언제 '그것'을 해야 하는가? 결정이 쉽지 않다.

"언제 쉬어야 하지? 지금 쉬면 농땡이를 피우는 것으로 보이지는 않을까?" 언제 놀 것인지 결론을 내리지 못하고 망설이는 사이에 시간은 흘러간다.

극단적인 예를 하나 들어보도록 하자. 언제 섹스를 해야 할지 고민하는 경우가 있다. 사실 이런 사치스러운 고민은 인간에게나 가능하다. 자연에서 사는 생물 대부분은 교미가 일생에서 가장 중요한 일이다. 교미할 수 있는 계절이나 시간대가 제한되어 있는 것이 보통이기 때문이다.

고양이나 원숭이 같은 포유류는 대부분 발정기가 있다. 그 시기를 놓치면 암컷은 절대로 교미를 하지 못한다. 나는 젊은 시절에 오이과실파리(Bactrocera cucurbitae)라는 파리의 번식행동을 연구한 적이 있다. 오이과실파리는 해질녘의 40분 정도만 교미가 가능하다.

이 오이과실파리는 밤이면 나뭇잎 뒤에 붙어 꼼짝하지 않는다. 움직이지 않기 때문에 잠을 잔다고 해도 틀린 표현은 아니다. 오이과실파리가 밤중에 여기저기 돌아다니지 않는 것은 도마뱀이나 다람쥐, 거미 같은 수많은 적이 기다리고 있기 때문이다. 아침 해가 비치면 움직이기 시작하는 오이과실파리는 잎에 붙어 있는 동물의 배설물을 핥아먹고 단백질을 보충해 기력을 회복한다. 오후가 되면 수컷 오이과실파리의 움직임이 갑자기 소란스러워진다. 매일 해질녘이면 짝짓기를 위해 수컷들이 암컷들을 찾아나서기 때문이다. 짝짓기 장소는 보통 마을 근처 산에 있는 나무다. 수컷들은 오후 3시 무렵부터 그곳을 향해 여기저기에서 떼를 지어 몰려들기 시작한다.

하늘빛이 붉게 물들 무렵이 되면 몰려든 수컷들은 나뭇잎 자리를 놓고 치열한 전투를 벌인다. 자신이 진을 친 나뭇잎에 다른 수컷이 다가오면 페르몬을 내뿜어 쫓아낸다. 이 페르몬 공격만으로 결말이 나지 않으면 앞다리로 상대를 치기도 하고 갑자기 달려들어 밀쳐내기도 한다.

암컷들은 나뭇잎 중에서 석양빛이 잘 비치는 특정 잎사귀를

교미 중인 오이과실파리.

찾기 때문에 수컷들은 필사적으로 그 나뭇잎을 차지하기 위해 전투를 벌이는 것이다. 암컷이 나뭇잎으로 찾아오는 시간은 해가 지기 전 40여분 정도뿐이다. 이때를 놓치면 그날은 교미를 할 수 없다. 수컷들은 매일 그 한때를 위해 열심히 싸운다.

나뭇잎 차지 싸움에서 이겨 암컷을 만날 기회가 왔다 해도 그 잎사귀를 찾은 암컷이 수컷을 받아들일지는 미지수다. 암컷의 어느 정도가 수컷을 받아들이는지 관찰한 적이 있는데 실제로 교미에 성공한 수컷은 불과 몇 퍼센트에 지나지 않았다.

이 오이과실파리의 경우는 그래도 사정이 나은 편이다. 교미를 못했더라도 며칠 뒤에 다시 암컷을 만날 기회가 있으니까. 그러나 생물의 세계에는, 예를 들면 다람쥐처럼 일 년에 며칠밖에 암컷이 수컷을 받아들이지 않는 생물도 있다.

이처럼 극히 제한된 시간에만 교미가 가능한 것에는 진화생물학적인 이유가 있다. 그것은 새끼들이 무사히 살아남을 수 있을지 여부에 달려 있다. 수많은 포식자가 기다리고 있는 야외에서 새끼들이 살아남기는 지극히 어려운 일이다. 시기와 계절을 잘못 맞추게 되면 새끼들이 적에게 전멸당하든가 갑자기 닥친 추위로 얼어 죽게 된다. 그 전멸의 타이밍으로부터 역산해 새끼를 언제 낳으면 좋을지 생각해야 하기 때문에 교미가 허락되는 시간은 매우 제한적일 수밖에 없다.

자녀양육 시스템이 보장된 인간의 경우는 자녀를 낳는 시기에 대한 제약이 없다. 냉난방기구가 발달한 인간사회에서는 자녀가 언제 태어나든 양육하는 데 별 문제가 없다. 인간이 언제라도 마음만 먹으면 섹스를 할 수 있는 진화생물학적 이유는 바로 자녀를 언제 낳든 상관없기 때문이다.

바꿔 말하자면, 자녀를 키울 여력이 없을 때 임신을 하게 되면 당연히 어려움이 많다. 부양능력을 생각하고 아이를 갖는 것이 윤리적으로도 마땅하다. 부모가 없어도 아이는 자란다고 말하는 사람도 있지만, 자녀양육의 타이밍과 섹스가 허락되는 타이밍은 서로 밀접한 관련을 갖고 오랜 역사 속에서 진화해왔다.

이 생물학적 원칙을 거슬러 자녀를 갖거나 양육을 방임하는 사회가 되면, 언젠가 도태의 파도에 휩쓸리게 될 날이 올 것이다. 진화생물학은 그것을 분명히 가르쳐주고 있다.

메뚜기의 대이동과
노사분쟁

여유가 있을 때는 적당히 게으름을 피우며 살아가지만 조직에 문제가
발생하면 노동자들은 길거리로 뛰쳐나와 노사분쟁이 일어난다. 이런
현상과 메뚜기 떼의 대이동은 비슷한 면이 있다.

사계절이 뚜렷한 온대지역에 사는 많은 생물은 겨울이 되면
겨울잠에 들어감으로써 혹독한 환경을 견뎌낸다. 하지만 우기
와 건기라는 두 계절로 뚜렷이 나뉘는 열대지역 동물들 대부분
은 겨울잠을 자지 않는다. 그 대신에 비가 내리거나 풀이 자라
는 장소를 찾아 계속 이동한다.

이와 같이 생물들은 환경에 따라 유연하게 변화하는 시스템
을 유전자 속에 새기며 진화해왔다. 예를 들면, 식량이 부족해지
면 검은색으로 변하는 사막메뚜기(Schistocerca gregaria)가 있다.

아프리카에서는 10년 정도에 한 번씩 메뚜기 떼가 크게 발
생해 대이동을 하는데, 이것은 우리에게도 가끔씩 뉴스거리가

된다. 대규모 메뚜기 떼의 발생은 구약성서의 〈출애굽기〉에도 등장하는 것을 보면 아득히 먼 옛날부터 반복되어왔음을 알 수 있다. 1930년대에 펄 벅(Pearl S. Buck, 1892~1973)이 쓴 《대지》에도 검은 구름 같은 거대한 메뚜기 떼가 날아와 순식간에 논밭의 곡물을 먹어치우는 장면이 묘사되어 있다.

오랫동안 비가 내리지 않으면 풀이 자라는 장소가 제한된다. 그러면 그 제한된 풀밭에 근처의 모든 메뚜기가 몰려든다. 메뚜기가 너무 많이 몰려든 풀밭은 살기에 비좁을 수밖에 없다. 그 좁은 풀밭에 메뚜기가 앞다투어 알을 낳으면 풀밭은 메뚜기 유충들로 가득하게 된다. 이들 유충은 메뚜기에게 자극을 받아 색소가 침착되면서 녹색이었던 몸 색깔이 검은색으로 변하기 시작한다. 그리고 몸보다 날개가 길어지면 일제히 새로운 풀밭을 찾으러 날아가게 된다.

곳곳에 흩어져 있는 여러 풀밭에서 이와 같은 검은색 메뚜기가 나타나면 머지않아 그들은 대군단이 되어 하늘을 검게 뒤덮어버리게 된다. 1000억 마리나 되는 메뚜기 한 무리가 1800헥타르 넓이의 하늘을 뒤덮어버렸다는 기록이 있을 정도로 메뚜기 떼의 규모는 상상을 초월한다. 이와 같이 메뚜기 떼는 새로운 풀밭을 찾아 장거리를 이동하면서 혹독한 건기를 극복해왔다.

일본에서도 때때로 이런 사막메뚜기가 대량으로 발생했다

는 기록이 있다. 현재 일본에서 메뚜기 떼의 발생을 볼 수 있는 곳은 사탕수수 밭이 넓게 펼쳐진 난세이제도(南西諸島)가 유일하다. 이곳에서는 지금도 타이완 각시메뚜기 떼가 발생하기도 한다. 나도 오키나와의 한 외딴섬에서 대군단을 이룬 메뚜기 떼를 목격한 적이 있는데, 공교롭게도 그 메뚜기 떼는 모두 사상균에 감염되어 죽었다.

사상균에 감염된 메뚜기가 사탕수수 줄기 위로 올라가 잎에 달라붙은 채 죽어 바짝 말라 버린다. 사상균으로 뒤덮인 메뚜기 사체는 바람이 불면 균이 포자가 되어 공중으로 퍼져나가 새로운 숙주를 찾는다. 이와 같이 메뚜기 역시도 병이라는 적과의 싸움을 수만 년이나 되풀이해왔다.

메뚜기는 풀이 없어져 환경이 열악해졌을 때만 검은색으로 변해 폭주하듯 무리를 이루어 대이동을 한다. 하지만 좋은 환경에서는 주변 환경에 어울리는 녹색 몸으로 적의 눈에 띄지 않도록 떼를 이루지 않고 조용히 살아간다.

커다란 조직에 속해 있고, 또 여유가 있는 환경에서는 남의 눈에 띄지 않고 적당히 게으름을 피우며 살아간다. 하지만 조직에 문제가 발생하면 노동자들은 길거리로 뛰쳐나와 노사분쟁이 일어난다. 이런 현상과 메뚜기 떼의 대이동은 비슷한 면이 있다. 환경이 안정되어 있으면 필사적으로 일하지 않고 적당히 요령을 피워도 괜찮다는 것을, 오랜 진화 과정 속에서 검은색으로 변하는 기술을 터득한 메뚜기가 가르쳐주고 있는 듯하다.

인간에게도
번데기의 기간이 필요하다

아이가 성인이 되는 큰 변화를 이루려면 번데기라는
'휴식'의 기간이 필요하다.

 생물 중에는 성장 과정에서 모습을 완전히 변화시키는 '변태'라는 메커니즘을 진화시킨 것들이 있다. 올챙이에서 변태하는 개구리나 번데기 단계를 거쳐 성충이 되는 나비와 장수풍뎅이 같은 일부 곤충들이 그렇다. 이런 생물은 변태라는 메커니즘을 통해서 라이프스타일을 완전히 바꿈으로써 환경에 적응한다.

 적이 많은 지상에서 파닥이며 살고 있는 곤충 등은 상황이 좋지 않은 시기에는 적이 별로 없는 땅속에서 지낸다. 지상으로 나오면 적이 많다. 번식을 위해 적이 많은 공중을 날아다니기에도 리스크가 있다. 그 리스크를 피하기 위해 때가 될 때까지 땅속에서 잠복하는 것이다.

사람도 모두 변한다.

적이 많은 시기에 일부러 자기주장을 하며 상처를 입을 필요는 없다. 생물의 일생은 길다. 자신을 주장할 수 있는 그날까지 그저 잠복하는 것도 생물의 지혜다. 그리고 일단 지상으로 나온 후에는 번식을 위해 특화한 생물로 변신한다.

변태 과정을 거치는 대부분의 곤충은 유충일 때는 오로지 먹고 크는 일에 전념하다가 변태 후에 성충이 되면 짝을 찾는 일에 전념하게 된다. 다른 목적을 위해 완전히 모습을 진화시킨, 삶의 분업인 셈이다.

우리 인간은 변태라는 생물적 메커니즘은 없다. 하지만 인간의 일생도 역시 사춘기 전과 후의 분업 구조로 되어 있다고 말할 수 있다. 사춘기 이전의 아이는 부모의 보호 아래 먹고 자라며 사회에서 필요한 것을 부모로부터 배운다. 살아남기 위한 지혜를 몸에 익히는 기간인 것이다.

사춘기를 지나 성인이 되면 사회에 나가 이성을 만나고 자손을 남기기 위한 삶으로 바뀐다. 어른이 되면 사방에 적이 존재하는 사회에서 살아가야만 한다. 삶의 가장 중요한 목적은 이성을 만나 자손을 남기는 것이다. 그렇게 해온 사람들만이 인류의 역사를 이어왔다.

사춘기는 일종의 번데기 시기와도 같다. 자신이라는 껍질에 틀어박힌 채 적성을 탐색하는 시기이기도 하다. 곤충의 번데기들은 낮의 길이를 재면서 언제 지상으로 나갈지 탐색한다. 무엇보다도 이성과 만날 수 있는 타이밍을 가늠하면서 지상에서 성충이 될 날을 기다리는 것이다.

아이가 성인이 되는 큰 변화를 이루려면 번데기라는 '휴식'의 기간이 필요하다. 성인이 되기 전의 아이가 알 필요가 없는 정보도 많다. 적으로부터 도망치거나 교미 상대를 찾는 등의 모든 일을 일시에 하기에 생물에는 한계가 있다. 그 때문에 '변태'라는 메커니즘이 진화해왔다고 할 수 있다.

오늘날에는 모든 정보가 네트워크상에서 공유되고 있어, 아이 어른 할 것 없이 누구나 열어볼 수 있다. 이런 현대사회는 생물의 진화 사상 처음 있는 일이다. '휴식'이라는 이벤트에 할당된 시간과 그를 통해 축적되는 에너지가 점점 줄어들고 있다.

생물은 만능이 아니다. 닥쳐오는 모든 일에 적응할 수 있는 생물은 존재하지 않는다. 생물은 언제나 '트레이드오프(trade-off, 어느 것을 얻으려면 반드시 다른 것을 희생하여야 하는 경제 관계)'라고 하는 이율배반의 제약을 받으며 진화해왔다. **피곤하기 때문에 휴식을 취하는 것이 아니라 적극적으로 쉬는 방법을 도입하는 것이 진화생물학적인 정답이다.**

성년 미성년 구분도 없고, 밤낮 구분도 없이 정보가 홍수처럼 흘러넘치고 있는 시대, 지금이 바로 '진화생물학적인 휴식'을 진지하게 생각해보아야 할 때다.

기 생
약자가 자립을 목표로
하는 것은 잘못된 전략

생물이 진화한 역사는 '기생생물과의 싸움의 역사'였다고 해도 과언이 아니다. <테마 05>에서는 생물계에 흔한 기생과 그 기생에 저항해온 생물들을 살펴보겠다. 진화생물학적으로 말하면, 약자가 자립하려고 하는 것은 옳은 판단이 아니라는 점도 알 수 있다. 약자끼리는 서로의 약점을 보완해주어야 살 수 있다. 빨판상어와 같이 강한 자의 힘을 빌려 살아남는 것도 '지혜로운 자의 생존법'이다.

약자가 자립을 목표로
하는 것은 잘못된 전략

인간사회에서는 기생하는 자들에게 위기감을 불어넣는 등

사회적 약자를 자립시키려고 애를 쓴다.

약자를 자립시키는 것은 잘못

재산이 많은 부자에게는 많은 사람이 달라붙는다. 그것이 현실이다. 사람만이 그렇게 하는 것은 아니다. 모든 생물의 본능이다. 실제로 생물의 세계는 자원이 풍부한 자에게 '기생(寄生)'하는 자들로 넘쳐나고 있다.

기생하는 자란, 달리 말하자면 힘 있는 사람에게 아부하거나 뒤를 졸졸 따라다니는 사람, 일은 하지 않고 부모에게 얹혀사는 니트족이나 은둔형 외톨이 등을 의미한다. 인간사회에서는 부정적으로 받아들이기 쉽지만, 생물의 세계에서는 이런 기

"

기생하는 것은
생물학적으로 문제없다.

"

생하는 생활이 바른 생존전략으로 진화해왔다.

인간사회에서는 그런 기생하는 자들에게 위기감을 불어넣는 등 사회적 약자를 자립시키려고 애를 쓴다. 그러나 진화생물학적 견지에서 말하자면, 약자를 자립시키는 것은 잘못된 일이다.

이기적 무리

하늘에는 새들이 무리 지어 날고, 바다 속에는 물고기들이 떼를 지어 헤엄친다. 얼핏 보면 그들이 사이좋게 무리 지어 다니는 것처럼 보이나 서로 돕는 관계는 아니다. 무리 속의 새 한 마리나 물고기 한 마리는 무리라는 존재에 단지 기생하고 있을 뿐이다.

당신 역시도 회사에서 동료들과 무리를 이룰 것이다. 그러나 그들이 남을 배려하면서 사이좋게 무리를 이루고 있다고 생각하는 것은 당신의 착각에 불과하다. 생물의 무리 짓는 본능을 생각해보면, 그것은 멋대로 상상한 터무니없는 오해이다. 무리는 약자가 이기적으로 행동한 결과일 뿐이다.

영국의 윌리엄 해밀턴(William Hamilton) 박사가 1971년에 발표한 이론을 살펴보자. 해밀턴 박사는 "생물의 무리는 새 한 마리

'이기적인 무리'를 만드는 민물도요(Calidris alpina).

나 물고기 한 마리가 이기적으로 행동한 결과 만들어진다"고
설명했다.

해밀턴 박사가 말하는 무리의 구조는 지극히 간단하다. 예
를 들어 하늘을 나는 새를 생각해보자. 지금 작은 새 두 마리가
하늘을 날고 있다고 치자. 또 다른 작은 새 한 마리가 하늘을 날
려고 할 때는 이미 날고 있는 두 마리 사이에 끼어들어 나는 것
이 가장 안전하다. 구름 너머에서 공격해오는 맹금류가 가장 먼

저 목표로 삼는 것은 바깥쪽에 있는 새이기 때문이다.

새롭게 무리에 합류하는 새 역시도 이미 날고 있는 세 마리 사이의 가운데로 끼어들려고 한다. 이런 식으로 날고 있는 새들 사이에 끼어들어 날려고 하니까 자연스럽게 무리가 생긴다. 해밀턴 박사는 이것을 '이기적 무리'라고 표현했다.

약자는 약자끼리 서로 기생하며 사회의 적으로부터 자신의 몸을 지키려는 것이 생물세계의 현실이다. 약자들은 함께 있는 그 누군가로부터 이익을 기대하고 무리를 만든다. 말하자면 이기적인 욕구가 일치한 약자끼리 모임으로써 무리가 만들어진다. 그것이 바로 파벌이다.

기생충의 전략

부모를 자신의 필요에 맞게 조작해 영양을 공급하도록 조종하는
니트족이나 은둔형 외톨이는 기생충과 비슷하다.

고양이 톰(Tom)과 쥐 제리(Jerry)를 주인공으로 한 애니메이션
<톰과 제리>. 1940년대에 첫 선을 보인 이 애니메이션은, 말썽
쟁이 톰과 영리한 제리의 사이좋은 추격전을 묘사한 것이다. 그
러나 톰과 제리의 추격전은 사실 기생충과 고양이의 추격전 이
야기였을 가능성이 있다.

고양이는 꿈틀거리는 것에 순간적으로 흥미를 느껴 쫓아
다니는 습성이 있다. 이런 고양이의 습성을 이용하는 기생충
이 있다. 육안으로는 보이지 않을 정도로 작은 톡소플라스마
(Toxoplasma)라는 기생생물이다.

이 기생생물은 보통 고양이 몸속에 서식한다. 하지만 이 톡

소플라스마가 처음부터 고양이에게 기생할 수 있었던 것은 아니다. 그들은 먼저 새나 쥐 등에 기생한다. 하지만 고양이 이외의 동물 속에서 그들은 무성생식, 즉 성(性)을 갖지 않고 증식한다.

그러나 무성생식에는 치명적인 약점이 있다. 암컷과 수컷이라는 성(性)이 있으면 새끼는 어미와 아비의 DNA가 조합됨으로써 다양성을 획득하고, 혹독한 환경에서도 살아남을 가능성이 높아진다. 그러나 무성생식으로는 유전적인 다양성을 획득할 수가 없다.

그런데 쥐의 몸속에 기생하던 톡소플라스마는 어떻게 고양이의 몸속으로 들어갈 수 있었을까?

옥스퍼드대학의 동물학자인 마누엘 버도이(Manuel Berdoy) 박사팀이 그 답을 찾아냈다. 버도이 박사팀은 이 기생충에 감염된 쥐가 그렇지 않은 쥐에 비해 활발하게 돌아다니는 것을 발견하고는, 이 사실을 2000년에 발표했다.

활발하게 돌아다니는 쥐는 고양이에게 잡아먹힐 위험성이 높다. 그러면 톡소플라스마는 고양이의 체내에서 암컷과 수컷으로 나누어질 수가 있다. 다시 말해 유성생식을 할 수 있게 된다. 쥐가 고양이에게 잡아먹히면 톡소플라스마는 성을 획득해 스스로 자손의 생존확률을 높일 수 있는 것이다.

제리(쥐)로 하여금 보다 활발하게 돌아다니게 만들어 톰(고양이)의 주의를 끌도록 한 것은 톡소플라스마의 유성생식을 위한 전략이었을 가능성이 있다. 쥐 제리가 기생생물에 의해 조종당했다는 것이다.

기생생물은 숙주의 행동을 자신의 필요에 맞게 변화시킨다. 이런 면에서 부모를 자신의 필요에 맞게 조작해 영양을 공급하도록 조종하는 니트족이나 은둔형 외톨이는 기생충과 비슷하다. 하지만 오해하지 말기 바란다. 나는 여기에서 니트족이나 은둔형 외톨이의 삶의 방식을 문제 삼으려는 것이 아니다. 그들의 삶의 방식이 진화생물학적으로 잘못된 삶의 방식이 아니라는 것을 말하려는 것뿐이다.

좀 더 가까운 예로, 당신이 감기에 걸렸다고 가정해보자. 감기의 초기 증상은 발열로 인한 목구멍과 관절의 통증이다. 발열은 감염된 사람이 바이러스를 죽이려고 하는 면역반응, 즉 당신 몸의 자기방어의 표현이다. 그리고 며칠 후에는 기침이 나오기도 하고 콧물이 나오기도 한다. 이것은 기침이나 콧물을 몸 밖으로 내보내게 당신을 조정함으로써 다른 사람에게 옮겨가려는 바이러스의 속셈이다.

기생생물은 이와 같은 식으로 기생한 숙주의 행동을 조작하는 경우가 많다.

페이스북이 인간을 조종하고 있다?

요즘에는 '인간 대부분도 조종당하고 있는 것이 아닐까' 하는
생각이 든다. SNS에 의해서 말이다.

사마귀를 조종하는 선충

사마귀는 보통 나뭇잎 그늘 속에 숨은 채, 불어오는 바람에
몸을 맡기고 먹잇감이 다가오기를 기다린다. 사마귀를 먹이로
하는 새나 도마뱀 같은 포식자에게 들키지 않기 위해 잎사귀로
위장하면서 말이다.

그런데 한여름 낮에 길가 양지 쪽에 사마귀가 천연덕스럽게
나타나는 경우가 있다. 나무그늘에 숨어 용의주도하게 먹이 사
냥을 준비해야 할 사마귀가 양지로 나온 것은 안타깝게도 사마
귀의 의도가 아니다.

안전한 나무그늘에서 햇빛이 비치는 길가로 사마귀를 유도해낸 것은 사마귀 몸속에 기생하고 있는 선충(線蟲)이다. 사마귀 몸속에서 꿈틀거리는 검은색 전선 모양의 선충은 자신의 번식을 위해 물가로 가게 하려고 사마귀를 햇볕이 잘 드는 양지로 밀어낸다.

숙주인 사마귀가 겨우겨우 물가에 다다르면 선충은 사마귀의 몸속에서 빠져나와 자유롭게 물속을 헤엄치며 배우자를 찾아 새끼를 낳는다. 이렇게 태어난 선충의 새끼는 물속에 서식하는 하루살이 유충에게 잡아먹히고, 성충이 된 하루살이는 사마귀에게 잡아먹힌다. 사마귀의 몸속에 들어간 선충은 사마귀 몸속에서는 번식하지 못하기 때문에 본래의 서식지인 물속으로 되돌아가기 위해 사마귀를 조종하는 것이다.

SNS가 인간을 조종하고 있다

요즘에는 '인간 대부분도 조종당하고 있는 것이 아닐까' 하는 생각이 든다. SNS(Social Network Services)에 의해서 말이다. 블로그 같은 SNS도 의외로 기생생물과 유사한 면이 있다. 이 SNS을 이용하는 인간의 행동을 조작할 가능성이 있기 때문이다.

요즘은 블로그에 올리기 위해 특정 음식을 먹으러(사진을 찍으러) 레스토랑에 가는 사람들도 많다고 한다. 도둑질하고 있는 것을 생중계하다가 체포되는 등, 도저히 제정신으로 하는 행동이라 볼 수 없는 사건도 일어나고 있는 요즘이다.

이런 행위는 인간의 윤리로는 도저히 이해할 수 없다. 하지만 페이스북이나 트위터 같은 기생자에게 인간이 조종당하고 있는 것이라고 생각하면 진화생물학적으로는 이해할 수 있다. 사람의 의식이나 사상 등을 조작하는 조종이나 세뇌는 기생자나 마찬가지다. 네트워크에 조종당하기 쉬운 현대인의 모습은, 돌연 나타난 새로운 유행에 대해 면역력을 획득할 만한 진화 시간을 갖지 못한 가련한 도태의 사례인지도 모른다.

올바른 조종자(기생자)라면 이에 감염된 사람을 구해낼 줄도 알아야 한다. 자신을 구원해줄 조종자가 있는 사람은 행복해질 수 있다. 기생하는 입장에서는 한 사람이라도 더 많은 감염자를 만들어 살아남는 것이 진화생물학적으로 옳기 때문이다.

이런 측면에서 종교를 둘러싼 분쟁을 이해할 수 있다. 사람에 따라서는 종교적 분쟁을 이해하지 못하기도 하지만, 조종하는 자(종교)는 분쟁을 통해 보다 널리 자신을 세상에 알릴 수 있다.

점령한 사람을 조종하고, 다른 기생자에게 점령당한 사람을 몰아낼 때까지 자신을 널리 퍼뜨리는 것이 기생자의 최종적인 진화 목적지다.

왼쪽잡이가
오른쪽잡이에게 기생한다

소수파는 소수파이기 때문에 그것 자체로

강력한 무기가 될 수 있다.

물고기에도 오른쪽잡이와 왼쪽잡이가 있다는 것을 아는가?

교토대학 호리 미치오(堀道雄) 교수는 아프리카 탕가니카 호수(Lake Tanganyika)에서 잡히는 시클리드(Cichlid)라는 물고기를 표본으로 삼기 위해 시장에서 사다가 빨래집게로 매달아 말려 보았다. 아프리카의 뜨거운 태양 아래 말린 물고기는 몸이 오른쪽으로 굽은 것과 왼쪽으로 굽은 것으로 나뉘었다. 왜 이런 일이 일어난 것일까?

이 물고기는 태고로부터 물이 끊긴 적이 없는 오래된 호수에서 진화해왔다. 시클리드는 다른 물고기의 비늘을 먹는 포식어인데, 호리 교수는 물고기 입의 방향이 제각기 다르다는 것을 발견했다. 몸이 오른쪽으로 굽은 물고기의 입은 오른쪽으로 크게 비뚤어진 채 벌어져 있었고, 왼쪽으로 굽은 물고기의 입은 왼쪽으로 비뚤어진 채 벌어져 있었다.

왼쪽잡이 포식자는 왼쪽 뒤편으로부터 먹이가 되는 물고기를 공격해 비늘을 뜯어먹는다. 그 때문에 입이 오른쪽을 향하도록 진화했다. 반대로 오른쪽잡이 물고기는 왼쪽으로 입이 향하도록 진화했다. 그러면 왜 오른쪽잡이와 왼쪽잡이가 있는 것일까? 사실을 말하면 그 고대 호수에서는 '한동안은 오른쪽잡이가 많아지고 왼쪽잡이가 적어졌다, 수년 후에는 왼쪽잡이가 많아지고 오른쪽잡이가 적어졌다'가 되풀이되어 왔던 것이다.

이것은 10년에 걸쳐 물고기의 표본을 닥치는 대로 조사했던 호리 교수의 연구결과 밝혀진 사실이다.

호수에 왼쪽잡이 포식어가 많을 때에는 왼쪽 뒤편에서 표적이 된 물고기가 많이 잡아먹힌다. 그 때문에 반대 방향으로 몸을 틀어 도망치는 물고기가 많아진다. 그러면 왼쪽잡이 포식어가 불리해지고, 이번에는 오른쪽잡이 포식어가 늘어난다. 호리 교수는 조사를 통해, 이 물고기가 '왼쪽잡이냐 오른쪽잡이냐'도 유전된다는 것을 1993년 《사이언스》지에 발표했다.

오른쪽잡이가 수적으로 우세한 집단에서는 왼쪽잡이가 기생하고, 왼쪽잡이가 우세한 집단에서는 오른쪽잡이가 기생하면서 그 빈도를 높여나간다. 어느 쪽이 기생하든 일정한 수준(비늘을 먹는 물고기에서는 오른쪽잡이든 왼쪽잡이든 한쪽이 70%를 초과하지 않는다)에서 반복되는 구조가 작동한다. 그렇기 때문에 한쪽이 일방적으로 우세해져 호수의 물고기 전체를 차지하는 일은 없고, 오른쪽잡이가 늘었다 왼쪽잡이가 늘었다가를 반복한다. 먹느냐 먹히느냐의 주기는 대체로 5년이었다.

'이기적인 무리'를 주창했던 해밀턴 박사는 남미 칠레에 서식하는 사슴벌레(하늘가재)에도 오른쪽잡이와 왼쪽잡이 개체가 있다는 이야기를 나에게 해주었다. 1990년, 내가 오키나와 현청에서 일하고 있을 때였다.

해밀턴 박사는 상을 받기 위해 일본에 왔다가 나를 만나기 위해 오키나와에 왔다. 그 무렵, 발달된 뒷다리를 사용해 수컷들끼리 싸우는 노린재(Shield bug)를 연구하고 있던 나는 해밀턴 박사에게 노린재에 대한 이야기를 했다.

그러자 해밀턴 박사가 자신이 흥미를 갖고 있던 칠레사슴벌레(Chiasognathus grantii)에 대한 이야기를 들려주었다.

큰 턱(大顎, mandible)으로 수컷들이 싸움을 벌이는 사슴벌레들 중에는 턱이 오른쪽잡이인 집단과 왼쪽잡이인 집단이 있다고 한다. 오른쪽잡이 수컷들이 많은 집단에서는 왼쪽잡이 큰 턱을 가진 수컷이 싸움에 강하고 유리하며, 왼쪽잡이 집단에서는 그 반대라고 한다. 그렇다는 것은 반대편 집단에 침입한 사슴벌레가 매우 유리하다는 말이 된다. 박사는 친절하게 그림을 그려 가며 그것에 관한 이야기를 해주었다.

오른쪽잡이와 왼쪽잡이의 사슴벌레가 존재한다는 것도 흥미로웠지만 집단 중 소수자가 싸움에서 강하다는 이야기는 매우 흥미로웠다.

사람의 경우에는 오른손잡이가 압도적으로 많다. 그래서 대부분의 도구는 오른손잡이용으로 만들어진다. 그래서 왼손잡이는 생활에 불편한 경우가 많지만 유리한 경우도 있다. 야구선수 중 왼손잡이는 소수파라서 유리하다는 사실이 증명되었다.

사람의 행동은 유전만으로는 결정되지 않는다. 오른손잡이나 왼손잡이도 유전이 되는데, 왼손잡이가 불리한 경우가 많기 때문에 아이가 어렸을 때 부모가 억지로 오른손잡이로 바꿔놓는 경우가 많다. 왼손잡이가 10% 정도밖에 되지 않는다는 것은 이 때문이다.

진화생물학적으로 생각하면 왼손잡이는 불리하지 않다. 오른쪽잡이 사회에서 왼손잡이는 강력한 무기가 될 수 있다. 소수파는 소수파이기 때문에 그것 자체로 강력한 무기가 될 수 있다는 말이다.

운명은 좋은 반려자에
의해 결정된다

좋은 숙주나 좋은 상사, 좋은 반려자의 만남에
의해 운명이 결정된다고 해도 틀린 말이 아니다.

강자의 그늘에 숨어사는 전략

빨판상어처럼 강한 자가 있을 때, 그 강자의 그늘에 숨어 살
아가는 것도 진화생물학적으로 올바른 전략이다. 회사로 치자
면, 강한 상사 밑에서 일하는 것이 생존에 유리하다는 것이다.
그러니 강한 상사에게는 그의 마음에 들도록 애쓰는 것이 좋다.
이것이 여기에서 말하고 싶은 이야기의 주제다.

만약에 당신이 작은 생물이라면 큰 생물에 기생해 살아가는
생존방식을 권하고 싶다. 큰 것에 기생해 보호를 받으면서 살
아가는 생물의 예는 책 한 권에 다 담을 수 없을 정도로 흔하다.

생물의 세계는 빨판상어 기생 전략으로 넘쳐난다.

야산을 걷다보면 몸에 달라붙는 끈끈이주걱이라는 식물이나, 식물 위에서 인간이나 동물이 지나가기를 기다리다 어느 틈엔가 옮겨 붙는 진드기 등이 그런 생물에 속한다. '빨판상어 기생 전략'을 채택한 이들은 포유류 같은 큰 생물의 몸에 달라붙어 이동함으로써 자신의 DNA를 널리 퍼뜨리는 데 성공한다.

그중에는 동물의 피를 빨아 번식하면서 바이러스병(바이러스로 생기는 각종 병)이나 라임병(Lyme disease, 진드기가 옮기는 세균성 감염증-역주)을 퍼뜨리는 참진드기도 있다. 참진드기는 최근에 사람들이 야외활동을 할 때 특별히 주의해야 할 대상으로 지정될 만큼 유명하다. 병원체는 자기 힘으로는 생식범위를 넓히지 못하기 때문에 참진드기를 매개자로 해서 들쥐나 들개, 쥐 등에게 옮겨 붙어 생식장소를 넓힌다. 들쥐나 들개는 이들 병원체를 지니고 있기 때문에 감염되어도 발병하지는 않는다.

이따금 병원체의 숙주인 진드기가 사람에게 옮겨 붙기도 한다. 이때 사람 피를 빨아먹음으로써 그 병원균이 체내에 침입하게 되면 사람의 몸은 그것을 이물질로 인식해 면역반응을 일으키기 때문에 골치 아픈 증상이 나타난다. 이것은 자신의 생식범위를 넓히려는 병원체와 진드기의 본능이 초래한 결과다. 이처럼 기생할 때 적합한 숙주를 찾지 못하면 많은 문제가 발생한다.

운명은 좋은 숙주와 상사,
반려자에 의해 결정된다

기생생물에게 가장 좋은 숙주는 이물질 취급을 받을 염려가 없는 자신과 똑같은 종이다. 그중에서도 가장 좋은 숙주는 동종의 암컷이다. 보넬리아(Bonellia fulginosa)라는, 바다에 사는 지렁이 비슷한 생물이 이 사실을 가르쳐준다.

해변에 서식하는 보넬리아는 알에서 부화한 지 3주일 이내에 암컷을 만나느냐, 만나지 못하느냐에 따라 성별이 결정된다.

만약 암컷을 만나지 못하면 자신이 암컷이 되어 바다 밑의 바위틈에서 살아간다. 하지만 우연히 암컷을 만난다면 그대로 암컷 몸속에 빨려 들어가 그 암컷의 생식관 속에서 수컷으로 일생을 살아간다. 수컷의 몸길이는 암컷의 수천분의 일 정도로 작으며, 그 이상으로 크게 자라지 않는다.

동종의 암컷 체내이기 때문에 이물질로 취급받는 불행을 겪을 일이 없다. 그뿐 아니라 암컷의 체내에는 무서운 포식자도 없고 영양도 암컷에게서 받을 수 있다. 수컷에게는 그저 그 영원한 안식처에서 암컷의 알에 자신의 정자를 수정시키는 삶이 기다리고 있을 뿐이다.

좋은 숙주나 좋은 상사, 좋은 반려자의 만남에 의해 운명이 결정된다고 해도 틀린 말이 아니다. 진화의 역사가 이를 증명해 주고 있으며, 인간사회에서도 마찬가지다.

기생관계에서 공생관계로
나아가는 것이 유리하다

기생하는 것 중에 이런 식으로 해서 숙주와
공생관계를 구축하는 것이 출현한다.

지금까지 먹고 먹히는 관계 그리고 기생관계를 주로 살펴보았다. 이것들은 어떤 자가 타자의 자원을 일방적으로 탈취하는 구조다. 지금 여기에 당신과 내가 있다고 하자. 나에게는 플러스가 되지만 당신에게는 마이너스가 되는 관계가 포식이자 기생이다. 이 경우는 내가 당신의 기생자(혹은 포식자)다.

그러나 세상은 그렇게 단순하지 않다. 나에게도 당신에게도 마이너스가 되는, 양쪽 모두에게 좋지 않은 관계도 물론 있다. 경쟁 중인 양자의 관계가 그렇다고 할 수 있다.

내가 상대를 공격하면 상대도 나를 공격한다. 싸움이 벌어지는 것이다. 그 전형적인 예가 군비확장 경쟁이다. 군비경쟁에서 우열이 보이기 시작할 때, 둘 중에 열세에 놓인 쪽에서 자기 편을 속이고 상대방과 내통하는 자가 나타난다. 이것이 기생의 시작인 경우가 많다.

사실 암컷과 수컷의 관계도 군비확장 경쟁에서 기생으로 진화한 결과다. 우리가 암컷이라고 부르는 성이 만드는 배우자의 난자와, 수컷이라고 부르는 배우자의 정자의 시작이 바로 이런 패턴이었다.

원래 수컷이라는 존재 그 자체도 기생에서 시작되었다. 처음에는 같은 크기의 배우자 중 어느 하나가 보다 큰 배우자가 되기를 원해, 그 크기를 다투는 경쟁이 시작되었다. 이것이 난자의 기원이다. 그러자 크기 경쟁에서 밀려난 패자 그룹의 배우자들은 큰 배우자에게 기생하기 위해 점점 작아졌고 결국에는 정보만 있는 DNA와 큰 배우자에게 접근하는 데 필요한 편모만 남게 되었다. 난자를 생산하는 커다란 배우자가 암컷이고 기생자가 된 것이 정자를 가진 수컷이다.

이처럼 처음에는 기생에서 시작된 수컷이라는 성(性)이기는 하지만 유성생식을 하는 생물의 암컷에게 수컷은 없어서는 안 되는 존재이다. 암컷은 수컷 없이는 번식할 수 없다. 앞에서 언급했듯이 유성생식 쪽이 교배에 의해 유전자를 신속하게 재편성할 수 있기 때문에 변화가 현저한 환경에서는 무성생식보다는 유성생식이 유리하다.

기생하는 것 중에 이런 식으로 해서 숙주와 공생관계를 구축하는 것이 출현한다. 교배는 암컷에게나 수컷에게도 이점이 있다. 암컷은 보다 질이 좋은 수컷을 골라 배우자로 삼을 수 있다. 생물의 암컷과 수컷이 만들어나가는 불가사의한 세계에 대해서는, 졸저 《연애하는 수컷이 진화한다(恋するオスが進化する)》를 읽어보기 바란다.

하늘은 자신을 과시하는 자를 돕는다?

〈테마 03〉에서 언급했던 '대 포식자 전략'의 경우에도 포식자와 먹잇감 사이에 일종의 공생관계가 발달해 있는 것이 있다.

가장 많이 알려진 예는 아프리카의 초원에 사는 개과의 육식동물인 리카온(Lycaon)과 리카온의 먹잇감인 톰슨가젤(Thomson's gazelle)의 관계이다. 초식동물인 가젤은 리카온의 습격을 눈치 채면 일부러 펄쩍펄쩍 뛴다.

다람쥐과의 작은 동물인 땅다람쥐에게 뱀은 성가신 천적이다. 뱀은 땅다람쥐가 사는 구멍 속에 숨어 있는 경우가 있다. 주위를 살피지 않고 경솔하게 소굴로 들어간 땅다람쥐는 뱀에게 잡아먹히기 십상이다. 이때 땅다람쥐는 꼬리를 거꾸로 세워 자신을 커보이게 하고는 뱀을 향해 자신의 꼬리를 흔드는 행동을 한다.

도대체 왜 가젤이나 땅다람쥐는 위기의 순간에 자신의 존재를 적에게 부각시키는 걸까?

예전에는 자신의 존재를 부각시키는 행동을 자신의 동료에게 적이 있다는 것을 알리는 '경고신호'라고 생각해왔다. 전쟁영화 등에서 부상당한 동료를 보호하기 위해 일부러 자신의 존재를 드러내서 적을 동료로부터 떼어놓는 장면처럼 말이다.

그러나 이스라엘 텔아비브대학 아모츠 자하비(Amotz Zahavi) 교수는 이처럼 적에게 어필하는 행동을 동료를 돕기 위한 것이 아니라 자신이 살기 위해 적에게 보내는 메시지라고 설명한다. 자신이 건강하고 여유가 있음을 적에게 알리는 것은 적에게도 의미가 있다는 것이다.

리카온에게도 사냥감인 가젤을 반복해서 전속력으로 쫓는 일은 매우 피곤한 일이다. 확실하게 사냥감을 쓰러뜨리기 위해 에너지를 온전히 보존해두는 것이 진화생물학적으로 올바른 생존전략이다. 쓸데없이 에너지를 사용할 필요가 없다. 먹잇감이 원기왕성한가 약한가를 추격 전에 알 수 있다면, 리카온의 입장에서 보다 효율적인 사냥이 가능하다. 이런 식으로 먹잇감 (부하)과 포식자(상사)는 서로 이익을 공유한다.

케임브리지대학 피츠기번(Fitzgibbon) 박사팀은 실제로 리카온이 힘차게 펄쩍펄쩍 뛰는 가젤보다는 별로 뛰지 않는 가젤을 자주 쫓아가는 모습을 관찰하였다.

동물에게서 볼 수 있는 이러한 과시적 행동은 세계 여러 나라가 보여주는 군사적 억지력을 위한 행위와 매우 유사하다. 적대적인 관계에 있는 국가들은 핵무기를 보유함으로써 자신에게는 힘이 있다고 어필하거나 화학병기를 개발하여 상대에게 위협을 가한다. 이렇게 공격을 포기시키기 위한 메시지를 보내는 행위가 윤리적으로 문제가 있을지라도 진화생물학적으로는 올바른 생존전략이다.

테 마
06

공 생
타협이야말로 진화의 산물

<테마 06>에서는 '기생'과 '공생'이 종이 한 장 차이라는 것을 소개한다. 진화적으로 보면, 수많은 기생하는 생물이 어느 사이엔가 숙주와 때로는 공생관계로 발전한다.

아무래도 이것은 기생생물과 숙주가 얼마나 오랫동안 관계를 유지해왔는가와 관련이 있는 듯하다. 예컨대 인간과 세균의 관계가 그렇다. 세균이 우리를 지켜주고, 우리는 세균을 지켜주며 살아간다. 우리는 언제부터인가 장 속에 자리잡고 사는 세 균(장내세균)이 없이는 음식을 소화시키는 일조차 할 수 없다.

쌍방이 이득을 보는
'공생관계'

'이해득실의 관계로 살아가는 자'만이 진화할 수 있다.
바로 이것이 '당한 만큼 갚아주겠다'는 감정에 사로잡힌 인간과
근본적으로 다른 지점이다.

먹고 먹히는 관계나 기생의 관계만 있다면 최후에는 아무도 살아남지 못하게 될 것이다. 한쪽만 손해를 보는 기생관계도 오랜 시간이 흐르면 쌍방이 이득을 보는 '공생관계'로 변한다는 생물계의 상식은 진화생물학에서 배울 수 있는 또 하나의 중요한 지혜이다.

두 개일 필요가 없는 기능은 둘 중 하나는 쓸데없는 것이므로 소멸된다. 그렇게 되면 그 하나밖에 없는 기능을 양자가 공유해야 한다. 기생에서 공생으로 바뀌는 생물들의 관계에서 흔히 볼 수 있는 광경이다. 공유하지 않으면 안 되는 '어떤 것'을 둘러싸고 양자가 대립하며 싸우는 쓸데없는 행위를 많은 생물

들이 진화 과정에서 그만두었다. 하나를 양자가 공유하며 함께 살아가는 것은 다양한 생물이 공존할 수 있는 기본원리다.

우리 인류는 이 기본원리로 되돌아가야 한다. 비록 처음에는 기생이나 차별로부터 시작되었다 하더라도 서로 증오하며 멸망하는 길을 택해서는 안 된다. 양자가 공유하지 않으면 공멸의 길이 있을 뿐이라는 것을 알고 공생의 길을 모색해야 한다. 그러기 위한 방법을 진화생물학에서 배워야만 한다.

이 기본원리는 '이해득실의 관계로 살아가는 자'만이 진화할 수 있다는 원칙으로 설명할 수 있다. 바로 이것이 '당한 만큼 갚아주겠다'는 감정에 사로잡힌 인간과 근본적으로 다른 지점이다. 인간은 감정이 있어서 삶이 풍요로워졌다고 말할 수 있지만, 그 때문에 상대방에 대한 증오심도 갖게 되었다.

생물은 상호간에 경쟁하거나 살기 위해 타자를 죽이는 본능은 있어도, 증오심이나 원한 때문에 타자를 죽이지는 않는다. 진화생물학적으로 생각하면, 감정이 올바른 생존전략을 저해하고 있다고도 말할 수 있다.

악마 같은 뻐꾸기의 전략

진화는 우리에게 '살아남기 위해서는 때로 몰개성도 중요하다'는
것을 뻐꾸기를 통해 가르쳐주고 있다.

뻐꾸기의 탁란

뻐꾸기의 탁란(deposition, 托卵)에 대해 들어본 적이 있는가?
뻐꾸기 어미는 스스로 둥지를 만들지 않고 다른 새의 둥지에
자신의 알을 낳는 탁란조다. 흥미로운 탁란의 세계를 세상에 널
리 알린 케임브리지대학 닉 데이비스(Nick Davies) 교수는 오랫동
안 뻐꾸기를 연구해온 전문가다.

뻐꾸기는 수십 종류 이상의 조류 둥지에 알을 낳는 것으로
알려져 있다. 다른 새의 어미가 둥지를 비운 10여 초 사이에 둥
지에 있던 알 하나를 버리고 그곳에 자신의 알을 낳는다. 뻐꾸

기가 낳은 알은 다른 새의 알과 흡사한 모습으로 의태하기 때문에 둥지로 돌아온 어미 새는 그것이 뻐꾸기의 알이라는 것을 알아차리지 못한다.

그런데 남의 어미 손에 자란 뻐꾸기 새끼는 알에서 부화하면 그 어미의 진짜 알들을 둥지에서 떨어뜨려 버린다. 주로 울새나 할미새가 이런 피해를 당하는 숙주 새다.

피해를 당하는 울새나 할미새는 메추라기 알처럼 갈색 반점이 있는 알을 낳아 대응한다. 새의 시력은 꽤나 발달해 있어 사람보다 더 많은 색채를 감지할 수가 있다. 하지만 유감스럽게도 뻐꾸기는 메추라기 알과 꼭 닮은 알을 낳아 대응하기 때문에 어미 새는 자신이 낳은 알과 구별하지 못한다. 물론 뻐꾸기 새끼도 혈통이 발각되면 그 시점에서 모든 것이 끝날 것이다.

다른 새에게 알을 맡기는 기생으로 시작된 이 뻐꾸기 전략은 더욱 진화하여 우리 인류가 배워야 하는 공생의 길로 나아간다.

탁란과 몰개성의 직장인

기생자인 뻐꾸기는 자기 근처에 있는 숙주의 알과 아주 꼭 닮은 알을 낳는다. 그리고 뻐꾸기 새끼는 보통 숙주의 알보다 먼저 부화한다. 빨리 부화해서 숙주의 알 몇 개를 둥지 밖으로 버려야하기 때문이다.

기생당한 불쌍한 어미 새들은 새끼들 중 한 마리가 뻐꾸기 새끼라는 것을 알지 못한 채, 열심히 먹이를 물어다주며 키운다.

앞에서 피해를 입는 새가 여러 종류라고 소개했다. 그중에는 당한 만큼 갚아주겠다는 듯이 가만있지 않는 녀석이 있다. 그것은 뻐꾸기의 표적이 된 피해자의 피해 기간의 길이와 관계가 있다. 오랜 피해의 역사를 갖고 있는 새들은 뻐꾸기의 탁란에 대한 대응전략을 진화시켰다. 그것은 마치 군비경쟁을 방불케 한다.

예를 들면, 그 경쟁(피해)의 역사가 오래된 날개부채새(Tawny-flanked Prinia(Prinia subflava))는 일부러 여러 가지 색과 모양의 알을 낳는다. 이렇게 하면 뻐꾸기 알과 자신의 알을 식별할 수 있기 때문에 뻐꾸기 알이 보이면 둥지 밖으로 버릴 수 있다. 문제는 이 새에게 탁란하는 뻐꾸기도 가만히 두고 보지만은 않는다는 것이다. 뻐꾸기는 숙주의 알처럼 생긴 다양한 모양의 알을 낳는 전략으로 대응한다.

이 사실을 2012년에 영국 엑스터대학 마틴 스티븐스(Martin Stevens) 박사팀이 보고했다. 스티븐스 박사팀은 뻐꾸기에 의한 탁란의 역사가 짧은 참새 종류에서는 색깔이 전혀 다른 뻐꾸기의 알조차 식별하지 못한다는 것을 발견했다. 지금은 뻐꾸기에 의한 탁란의 역사가 길수록 피해자인 새들에게 식별 능력이 발달한다는 것도 알려져 있다.

그렇다면 자신의 알과 뻐꾸기의 알을 식별하지 못하는 숙주 어미 새는 어떤 전략으로 뻐꾸기의 탁란 전략에 대응할까?

숙주 어미 새가 알 4개를 낳았다고 가정해 보자. 그중에 뻐꾸기의 탁란으로 뻐꾸기 알이 섞여 있다면 뻐꾸기 알이 먼저 부화해 자신의 모든 알이 버려질 가능성이 있다. 그런데 숙주인 어미 새가 무작위로 알 1개를 버린다면 어떻게 될까? 무작위로 버린 알이 뻐꾸기 알이거나, 애초에 뻐꾸기 알이 없었을 경우에는 3마리의 새끼가 자랄 수 있다. 어쨌든 알 1개를 무작위로 버리는 것이 자식의 생존확률을 좀 더 높일 수 있다.

뻐꾸기 연구자인 데이비스 교수가 실제로 야외에서 관찰한 결과에 의하면 30%의 사례에서 숙주 새가 뻐꾸기의 알이 아닌 자신이 낳은 알을 버려버렸다. 이 경우, 뻐꾸기 새끼의 소행으로 숙주 새의 새끼는 1마리도 자라지 못하게 된다. 그러나 나머지 70%의 사례에서는 뻐꾸기의 알을 제대로 버리는 데 성공했다. 이 경우에는 자신의 새끼 3마리를 부화시켜 키울 수 있다.

다시 말하면 70%×3개=2.1마리의 새끼가 무사히 자랄 수 있다는 계산이 나온다. 그러므로 뻐꾸기의 위협이 있는 경우에는 뻐꾸기의 알을 식별할 수 없어도 임의로 1개의 알을 선택해 버리는 전략이 자연계에서는 유지되고 있는 것이다.

그런데 오스트레일리아에 사는 어떤 뻐꾸기에서는 더욱 놀랄 만한 사실이 발견되었다. 뻐꾸기 알만이 아니라 태어난 새끼의 모습도 숙주 새와 아주 비슷하게 생긴 것이다. 오스트레일리아에서 뻐꾸기의 표적이 된 불쌍한 피해자는 개개비(Great reed warbler)라는 참새의 일종이다.

이렇게 보면 뻐꾸기는 마치 악마와도 같은 사기꾼이라고 비난받을지도 모르겠다. 하지만 뻐꾸기는 그렇게 철저하게 다른 새들을 속이고 이용해서 살아남는 생존전략을 몸에 익혔을 뿐이다.

이런 뻐꾸기의 모습 속에서, 원치 않는 부서에 배속되었어도 그곳에서 벗어나는 날까지는 하루하루의 양식인 급료(먹이)를 받아가며 묵묵히 살아가야만 하는 직장인의 모습을 떠올린다면 지나친 비약일까? 그러나 시련의 계절을 사는 동안에는 자기실현이나 개성을 버리는 것도 하나의 좋은 방법이다.

진화는 우리에게 '살아남기 위해서는 때로 몰개성도 중요하다'는 것을 뻐꾸기를 통해 가르쳐주고 있다.

타협은 진화의 산물

싸움의 결과 알이 전부 버려지는 것보다는 다만
몇 마리라도 새끼를 키우는 것이 현명하다.

자신이 낳은 알 몇 개를 뻐꾸기가 버렸다고 복수심에 불타
뻐꾸기와 싸워서는 살아남기 어렵다. 싸움의 결과 알이 전부 버
려지는 것보다는 다만 몇 마리라도 자신의 새끼를 키울 수 있
는 숙주 쪽이 진화적으로는 현명하다. 이것이 자연계의 원칙이
기도 하다.

버려진 알은 아무리 애를 써도 되살릴 수 없다. 그렇다면 버
려진 시점에서 차선책을 택해 살아남는 쪽이 결과적으로 보면
이득이다.

지금 일본 기업들에서는 정규직, 비정규직(계약직과 파견직), 아
르바이트 등, 다양한 입장의 사람들이 근무하고 있다. 근래들어

정규직 사원 대신에 비정규직을 늘려 인건비를 줄이는 등, 일하는 사람들을 단지 비용으로 여기는 풍조가 만연하고 있다. 같은 회사에서 일하는 사람은 모두 노동자일 뿐 특별히 다른 점이 없다. 그런데 많은 경영자들이 정규직과 비정규직을 구분하여 차별하고, 비정규직을 기생하는 뻐꾸기처럼 대한다. 하지만 뻐꾸기의 숙주가 가르쳐주듯이 결국은 구별하지 않고 전원을 자신의 자식으로 키우는 것이 전체적으로는 최적의 생존법이다.

앞장에서 소개했던 자하비 교수는, 군비경쟁보다는 이처럼 타협에 의해 일종의 평형상태를 유지한다고 생각한 쪽이 자연계에서 벌어지는 생존투쟁과 관련된 모든 사실과 현상을 설명하는 데 적합하다고 주장한다.

자하비 교수는 송장까마귀(Carrion crow)가 뻐꾸기의 기생에 저항하지 않는 이유로 두 개의 가설을 제시한다. 뻐꾸기는 먼저 부화해도 까마귀가 낳은 알 전부를 버리지는 않는다는 것이 가설의 핵심 포인트다.

한 가지 가설은 양육 경험이 있는 까마귀 부부가 경험이 없는 젊은 까마귀 부부보다 더 많은 자식을 기를 수 있다는 사실에 힌트가 있다. 경험이 풍부한 파트너라면 양육의 영역이 넓기 마련이며, 그만큼 여유가 있다.

기생하는 뻐꾸기 새끼는 까마귀 둥지 안에서 진짜 새끼들보다 큰소리로 울면서 먹이를 달라고 졸라댄다.

그렇게 큰소리로 울면 까마귀 부부는 난감해진다. 새끼들을 노리는 독수리나 매 같은 맹금류가 그 소리를 듣고 공격할 수도 있기 때문이다. 이러한 위험한 행동을 함으로써 양자인 뻐꾸기 새끼는 양부모인 까마귀로부터 먹이를 얻어먹는 데 성공한다. 이와 같은 자녀 양육 환경에서는 보다 융통성 있고 돈독한 양부모 쪽이 결과적으로 자신의 자식도 무사히 키워내는 데 성공하는 경향이 있다.

한편, 경험이 적은 젊은 부부는 많은 새끼들을 키우는 것이 거의 불가능하다. 더구나 뻐꾸기 새끼가 젊은 까마귀 부부의 알을 전부 떨어뜨려버리면 그 부부의 파트너 관계는 붕괴되어 '이혼의 위기'를 맞이할 수도 있다. 하지만 까마귀는 다음해에도 새끼를 키울 수 있으므로 다만 한 마리라도 자신들의 새끼를 키울 수 있다면 이혼의 위기를 면할 수 있고, 그 부부는 새끼를 키워본 경험으로 다음해에는 더욱 넓은 세력 범위를 가질 수 있고 더 많은 새끼를 키워낼 수 있다.

까마귀는 양자를 미워하는 감정이 없다. 진화의 눈은, 양자를 죽이기보다는 자신의 친자식과 함께 키워낼 수 있는 부부를 선택해 살아남게 해왔다는 것이 자하비 교수의 생각이다.

숙주와 기생자의 관계에서 보편적으로 볼 수 있는 것으로,

기생자라는 것을 알면서도 그 존재를 막을 수 없기 때문에(혹은 막지 않는 것이 유리하기 때문에) 기생을 허용한다는 것이다.

기생자인 뻐꾸기는 만약에 자신의 새끼를 죽이는 까마귀가 있다면 그 까마귀 둥지를 기억하고 있다가 그 속에 있는 새끼들을 모조리 잡아먹으려 할 것이다. 바꿔 말하면 까마귀가 일부러 탁란을 허용해서 기생자인 뻐꾸기의 공격을 막아내고 있는 것은 아닐까 하는 것이다. 만약, 자식을 모두 잃은 부모 새들이 다시 번식을 하게 되면 일부러 탁란을 허용하게 될 것이고, 뻐꾸기와 까마귀의 이 관계는 보편적으로 확산될 것이다.

뻐꾸기는 까마귀에게 양자를 위한 장소를 제공하도록 만들고, 까마귀는 자신이 낳은 새끼를 조금 희생시키더라도 양자인 뻐꾸기 새끼를 받아들여 자신의 새끼를 키운다. 이것은 인간사회 이곳저곳에 존재하는 '암거래'가 허용되는 이유와도 비슷하다. 암거래 시장을 지켜준다는 명목으로 상인들에게 자릿세나 보호료를 뜯은 돈으로 생활하는 사람들의 존재가 그렇다. 사회는 그와 같은 시스템을 없애려고 시도하지만, 실제로는 다람쥐 쳇바퀴 돌 듯 제자리에서 계속 맴돌 뿐이다. 제자리를 맴돌기만 하면 그나마 괜찮은데, 그런 시스템의 작동구조를 잘 모르는 악의를 가진 집단이 새로이 개입하게 되면 문제가 보다 성가시게 되기도 한다.

만화나 소설의 소재가 될 만한 이런 관계가 야생에 사는 새들에게 실제로 일어날까? 이런 일이 정말로 존재한다는 사실이 2011년에 스페인에서 발견되었다. 그러니까 자하비 교수의 주장은 옳은 셈이다.

공통의 적이 단결하게 만든다

기생하는 측도 기생당하는 측도 모두 제3자인 천적으로부터 살아남아
야 한다는 생물의 원칙 때문에 공생을 채택할 뿐이다.

2011년 이후, 전 세계 동물행동학자들을 깜짝 놀라게 하는
뻐꾸기 탁란에 대한 새로운 발견이 이어졌다. 이런 연구는 주로
스페인 연구자들의 손에 의해 이루어졌다.

일본에 서식하는 뻐꾸기는 숙주의 새끼를 모두 둥지에서 버
려버리기 때문에 뻐꾸기는 숙주에게 있어서 기생생물 이외의
그 어떤 것도 아니다. 그러나 스페인에 사는 큰점무늬뻐꾸기는
숙주의 새끼를 몇 마리만 버리고 몇 마리는 남겨두는 것으로
알려져 있다.

숙주인 송장까마귀 새끼의 천적은 까마귀다. 그런데 놀랍게
도 숙주의 둥지에 낳아놓은 큰점무늬뻐꾸기 새끼는 천적이 싫

숨은 뻐꾸기는 어떤 거지?

어하는 냄새를 몸에서 내뿜는다. 그 때문에 뻐꾸기가 탁란한 둥지의 새끼는, 까마귀는 물론 독수리나 매 같은 천적에게도 공격을 받지 않는다. 뻐꾸기는 송장까마귀의 경호원인 셈이다. 숙주와 기생자는 이제 서로에게 도움을 주는 존재이다. 이로써 송장까마귀와 뻐꾸기의 관계는 '기생'에서 '공생'으로 바뀐다.

2011년, 이베리아 반도의 한 지역에서 탁란한 뻐꾸기의 새끼가 숙주의 새끼 몸에 붙은 기생충을 쪼아서 제거해주는 행동을 하는 것이 발견되었다. 이렇게 되면 탁란한 둥지에서 새끼 키우기는 일이 탁란하지 않은 둥지에서보다 훨씬 유리해진다. 이 경우에도 양자 간에는 대립이 아니라 공생의 관계가 성립한다.

그렇다면 왜 어떤 곳의 뻐꾸기는 상대에게 이득이 없는 기생을 하고, 어떤 곳에서는 공생이 이루어지는 것일까?

이 수수께끼는 아직 풀리지는 않았다. 공생관계로 진화한 숙주와 뻐꾸기가 서식하는 지역의 영양조건이 좋기 때문에 공생할 수 있는 여유가 생기는지도 모른다. 그리고 천적의 공격이 극심한 곳에서는 공생하는 편이 쌍방에게 더 유리하기 때문이기도 할 것이다. 그런데 왜 하필 뻐꾸기와 새에서 이 같은 공생관계가 발견되는 것일까? 연구자들 중에는 숙주인 새와 탁란하는 뻐꾸기의 관계가 아주 오래되었기 때문에 공생관계로 진화했다고 생각하는 이들도 있다.

외부에 공통의 적이 생기면 내부 사람은 단결하기 마련이다. 인간사회에서는 의도적으로 공통의 적을 만들어 내부를 결속하는 수단으로 이용하기도 한다. 다만 인간은 때로 외부의 적을 증오라는 감정을 조절하는 데 이용한다. 그러나 **증오라는 감정이 없는 생물은 기생하는 측도 기생당하는 측도 모두 제3자인 천적으로부터 살아남아야 한다는 생물의 원칙 때문에 공생을 채택할 뿐이다.**

기생관계는 공통의 적이 만들어지기 때문에 언젠가는 공생의 관계가 된다. 공통의 적이 없어도 기생자와 숙주가 어떤 한 가지에 같이 의지하게 되면 함께 살아가지 않을 수 없는 일도 있다.

미토콘드리아와
장내세균이 없다면 인류도 없다

만약 미토콘드리아나 엽록체가 없었다면
동물과 식물의 진화는 없었을 것이다.

우리 인류는 공생이 없었다면 존재할 수 없었을 것이다. 이것은 18억 년 전이라는, 까마득한 먼 과거로 거슬러 올라가는 이야기다. 당시 지구상에는 세포 속에 핵을 가진 진핵생물(眞核生物, eukaryote)이 존재하지 않았다. 세균이나 남조류(藍藻類, blue-green algae) 등처럼 핵이 없는 생물만 있었다.

우리는 산소를 들이마시고 이산화탄소를 내보내는 과정에서 달리거나 움직이는 데 필요한 에너지를 얻는다. 에너지는 미토콘드리아라는 세포 속에 있는 기관에서 만들어진다. 식물에서는 엽록체가 광합성 작용을 해서 에너지를 만든다. 만약 미토콘드리아나 엽록체가 없었다면 동물과 식물의 진화는 없었을 것이다.

18억 년 전에 산소를 호흡에 사용하는 능력을 가진 세균이 기생하는 생명체가 출현했다. 그 세균은 지구상에 흘러넘치는 산소를 에너지로 전환할 수 있었기 때문에 생존에 유리했다. 이 세균 기생자를 세포 내의 미토콘드리아로 받아들여 공생관계를 맺은 것이 우리의 조상인 진핵생물이다.

광합성을 하는 남조류가 세포 속에서 공생하게 되면서 엽록체가 되어 식물을 만들었다. 미토콘드리아나 남조류는 세포 속에서 공생을 통해 에너지를 보다 효율적으로 생산할 수 있게 되면서 자손을 남기기에 유리했으며, 이 공생관계로 인해 지구상에 번영을 가져올 수 있었다.

이것이 바로 1970년에 미국의 생물학자인 린 마굴리스(Lynn Margulis)가 제창한 '세포 내 공생설'이다. DNA를 해석하는 기술이 진보하면서 지금은 핵 속의 유전자와 미토콘드리아 유전자의 기원이 다른 것으로 밝혀졌으며, 이 설의 확실성이 증명되었다.

요컨대 기생에서 공생으로 전화하는 일이 없었다면 우리 인간을 비롯한, 현재 지구상에서 번성하는 대부분의 생물은 존재할 수 없었다는 말이다.

우리 몸속에는 우리가 살아가는 데 없어서는 안 되는 오랜 기생자가 또 있다. 바로 우리 장(腸) 속에 살고 있는 '장내세균' 이다. 장내세균도 원래는 기생균이었다. 그런데 어느 사이에 공생관계로 바뀌어 이제는 장내세균의 공생이 없으면 인간은 다양한 음식을 소화시킬 수가 없다.

인간은 제각기 다르다. 피부나 눈동자만이 아니라 사고방식 이나 습관도 사람마다 다르다. 각각의 생물도 당연히 다르다. 그렇게 다른 생물이 서로 이득이 되는 상대와 상호의존 관계를 구축해 진화 과정에서 살아남은 것이다.

끊으려야 끊을 수 없는
관계가 최고다

대립은 생물의 탄생과 절멸을 되풀이하는 역사를 낳지만, 상호의존에
기초한 공생은 번영의 역사를 만들어간다.

인간 한 사람 한 사람은 사고방식이나 살아온 배경이 서로
다르다. 그렇기 때문에 이해를 둘러싸고 의견이 대립하는 것은
당연하다. 그것을 대립으로 받아들이고 싸울 것인가, 아니면 서
로의 차이를 인정하고 상대의 좋은 부분을 받아들여 상호의존
적인 관계로 만들어 갈 것인가? 진화생물학은 분명하게 그 결
말을 가르쳐준다.

대립은 생물의 탄생과 절멸을 되풀이하는 역사를 낳지만,
상호의존에 기초한 공생은 번영의 역사를 만들어간다.

여기에 진화생물학이 인류에게 권하는 '공생'의 이유가 있
다. 처음에는 기생으로 시작했더라도 상호간의 이해가 '끊으려

야 끊을 수 없는' 관계에 이르면, 대립의 길보다는 공생의 길이 진화생물학적으로 훨씬 합리적인 선택이 되는 것이다.

이를 방해하는 것이 증오나 질투의 감정이라고 나는 생각한다.

타자에 대한 증오가 없는 다른 생물들은 공격당한 시점에서 자신이 취할 수 있는 차선책을 택한다. 그런 행동을 택하는 생물이 냉엄한 자연선택의 과정에서 살아남았다.

그렇다면 증오라는 감정은 왜 진화한 것일까? 그것은 감정을 갖게 된 인간의 역사와 다툼에서 이긴 자가 만들어낸 것인지도 모른다. 그러나 나는 그런 역사에는 절멸밖에 없다고 생각한다. 감정과 함께 윤리도 진화시킨 인간의 존재가 진화과정에서 살아남을 수 있을지 어떨지 시험대에 올라 있다고 할 수 있다.

공생을 배우지 못한 인류에게 내일은 없으며, 결국에는 윤리도 감정도 갖고 있지 않은 생물만이 승자로서 살아남는 세상이 다시 찾아오게 될 것이다.

에필로그

잡아먹히지 않기 위해서는
앞을 똑바로 보자!

잡아먹히지 않기 위해서는 앞을 똑바로 보자!

당신에게 포식자는 직장의 동료나 상사만이 아니다. 넘쳐나는 온갖 정보는 당신 머릿속의 메모리 디스크를 노리는 포식자다. 또한 시간이라는 당신의 재산을 먹어치우는 포식자가 될 수도 있다. 탐색을 잘하기 위해서는 경험과 학습이 중요하다. 이것은 이 책에서 반복해 강조해온 진화생물학적인 진실이다.

지금을 살고 있다는 것에 감사하자. 지금이 '있다'는 것은 사실 '쉽지 않은' 일이다. 잡아먹힌 동물에게는 '지금'이 없다. 지금이라는 시간을 누린다는 것은 감사할 일이다.

그러니 사람을 만났을 때는 마음껏 웃고 슬플 때는 울자. 그런 순간은 역시 즐겁다. 사람은 아마도 생물 중 유일하게 한 개체로서 죽음을 선택할 수 있는 자유를 얻었다. 물론 언젠가는 죽는다. 그때까지 그 선택을 간직해 두면 안 될까?

그런 생각이 문득 머리에 떠오를 때는 적에게서 도망치기 위해 볼품없이 살고 있는 생물들을 떠올리자. 태어난 순간부터 거짓말을 숙명으로 짊어지고 살아야만 하는 '의태' 생물들로 생각을 돌려보자. 도덕이나 윤리도 없이 묵묵히 살아가는 생물들을 생각하자. 침울해지거나 시기하는 감정도 인간만이 갖고 있으며, 내일의 목표나 장래의 꿈을 마음속에 그리는 것도 인간뿐이다.

지금 우리가 살아있다는 것은 바로 진화의 전 역사에서 획득해온 '먹히지 않기 위한 지혜'의 집대성이며 그 덕택인 것이 확실하다.

이 책에서는 윤리를 옆으로 제쳐두고 살아남기 위한 지혜에 대해 진화생물학적인 관점에서 생각해보았다.

지금 우리는 윤리를 가르쳐야 한다고 입을 모아 말하고 있다. 하지만 이 책에서 살펴본 것처럼 생물은 의태의 명수이며 사람 또한 위장의 천재다. 세상 물정을 알 무렵부터 윤리로 위장할 뿐인 사람으로 키워서는 곤란하다. 생물은 유전뿐 아니라 경험과 학습에 의해 크게 변할 수 있다는 사실은 현대 진화생물학이 밝혀낸 커다란 재산이다. 경험을 통해 학습한 윤리라야 진짜 윤리가 아닐까?

탁상 윤리만으로 이 세상을 살아갈 수는 없다. 사람만이 가진 윤리를 어떻게 사용할 것인가 하는 것도 사람에게 달렸다.

세대를 초월해 유전되는 것은 DNA만이 아니다. 당신과 관계있는 사람들의 삶의 방식은 당신의 삶에 어떤 식으로든 영향을 미친다. 비록 유전자에 새겨지지는 않더라도 당신의 사고방식 또한 후세에 전해질 수 있다.

유전자와는 달리 사고나 문화도 어떤 진화 프로그램에 의해 취사선택되면서 후세에 전해진다. 선인들의 가르침이 당신의 사고방식에 영향을 미치고, 그것이 또한 당신을 추모하는 사람에게 전해지며, 그러한 과정의 반복과 축적이 문화를 만들어내기도 하는 것이다.

일부의 유인원에서 발견되는 초보적인 기술의 전달을 제외하면 모든 생물 중에서 문명을 가진 존재는 인간뿐이다. 그러나 그 문화는 때때로 그릇된 방향으로 전달되기도 한다. 그 극단적인 사례가 전쟁이나 증오의 사상이며, 그 대척점에 있는 것이 이 책에서 소개한 '공생의 진화'다.

연구자가 되고 싶었던 나는 비록 교육자라는 직업을 갖게 되었지만, 진실로 고백하건대, 여전히 교육이라는 말을 별로 좋아하지 않는다. 그 대신에 나는 '전육(傳育)'이라는 말을 사용하고 싶다. '사고방식'은 유전자를 통해 후손에게 전달될 수 없기에, 인간은 선인들의 여러 가지 가르침 중에서 무엇이 최적인지를 배우고 그것을 통해 자신의 힘을 스스로 배양해야만 한다.

'전육'의 효과는 몇 년 만에 나타나는 것이 결코 아니며, 적어도 10년 후, 아니면 수십 년 후에야 비로소 나타난다. 그러나 누구도 그것의 중요성을 평가하려고 하지 않으며, 당장에 필요한 정보만이 범람하는 세상이 되었다. 오늘날에는 그런 피상적 정보보다는 전달된 '지식'에 살을 붙여 '지혜'로 만들어줄 수 있는 사람이 요구된다. 이 모든 것도 살아있어야만 가능한 일이다. 내일이 있기 때문에 가능한 일이다.

눈앞에 있는 일은 언제 해야 할까?
지금 결정해야 할까, 아니면 서둘러 검토(만)해야 할까?
상사에게 어떻게 대처할까?
나의 노력은 헛수고는 아닌가?
도대체 무엇을 위해 나는 노력하는 것인가?

이 책을 읽은 당신은 충분히 알 수 있을 것이다. 그래도 잘 모르겠다면 적(상사)에게 잡아먹힌 수많은 생물(부하들)의 행동을 생각하고 생물의 원점으로 돌아가 진화생물학적으로 생각해 보기 바란다.

생물의 원점, 그것은 '살아남아 후손을 남기는 것'이다.

이 책을 내놓기까지, 수많은 책과 문헌에 근거한 지식이 필요했다. 그 모든 것을 기록할 공간은 없지만, 출전(出典)에 대해 상세하게 알고 싶은 사람은, http://www.agr.okayama-u.ac.jp/LAPE/KPaSaki를 참고하기 바란다. 이 사이트에는 진화생물학을 배우고자 하는 사람들을 위한 참고도서도 소개되어 있다.

끝으로, 갑충의 죽은 척하기 연구를 함께한 동료 선생님들, 그리고 이 책이 나오기까지 도움을 준 졸업연구생들에게 이 자리를 빌려 감사의 마음을 전한다.

미야타케 다카히사